KAIST 송지호 교수 강의 시리즈

기초 피로강도론 [속편]
Fundamentals of Fatigue Analysis
Succeeding Edition

기초 피로강도론 속편

초판 1쇄 발행 2020년 9월 9일

지은이 송지호, 김정엽
펴낸이 장길수
펴낸곳 지식과감성#
출판등록 제2012-000081호

디자인 최지희
편집 최지희
교정 김혜련
마케팅 고은빛

주소 서울시 금천구 벚꽃로298 대륭포스트타워6차 1212호
전화 070-4651-3730~4
팩스 070-4325-7006
이메일 ksbookup@naver.com
홈페이지 www.knsbookup.com

ISBN 979-11-6552-404-3(13550)
값 12,000원

ⓒ 송지호·김정엽 2020 Printed in Korea

잘못된 책은 구입하신 곳에서 바꾸어 드립니다.
이 책의 전부 또는 일부 내용을 재사용하려면 사전에 저작권자와 펴낸곳의 동의를 받아야 합니다.

이 도서의 국립중앙도서관 출판예정도서목록(CIP)은 서지정보유통지원시스템
홈페이지(http://seoji.nl.go.kr)와 국가자료공동목록시스템(http://www.nl.go.kr/kolisnet)에서
이용하실 수 있습니다. (CIP제어번호 : CIP2020036336)

홈페이지 바로가기

KAIST 송지호 교수 강의 시리즈

기초 피로강도론 속편
Fundamentals of Fatigue Analysis Succeeding Edition

송지호 김정엽 지음

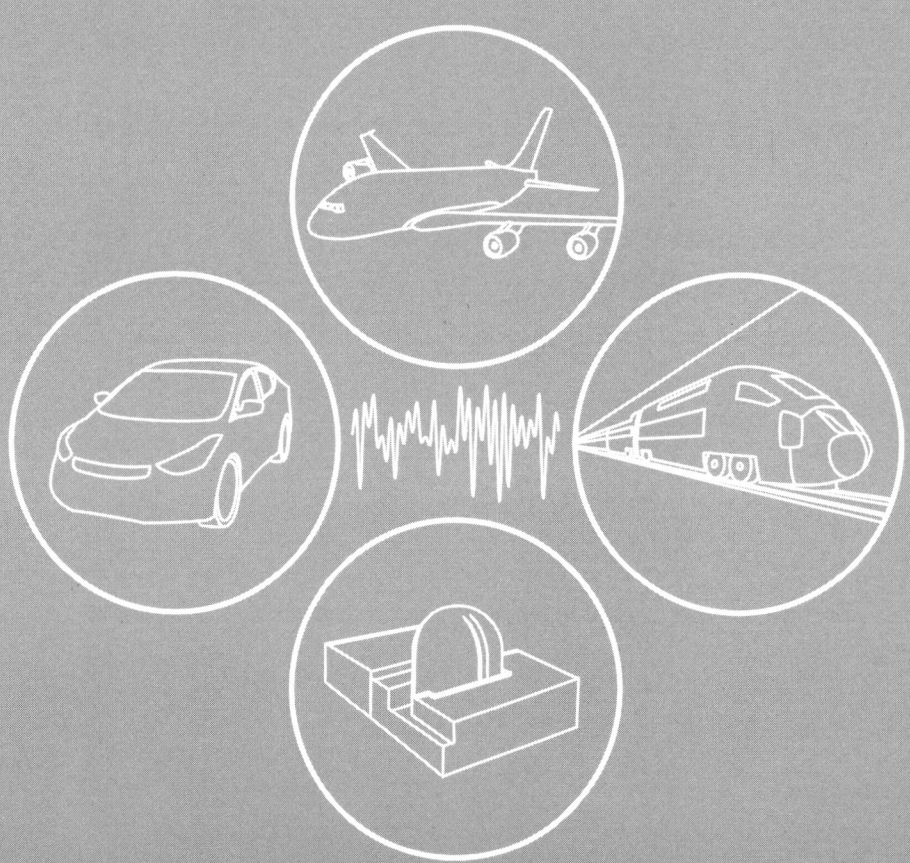

머리말

저자들은 약 4년 전, 2016년 1월 29일 《KAIST 송지호 교수 강의 시리즈-기초 피로강도론(Fundamentals of Fatigue Analysis)》이라는 국내에서는 최초의 대학원 학생용 피로에 관한 전문참고서를 출판하였다. 근래 보기 드문 피로참고서이며 피로에 대한 광범위한 내용이 체계적으로 정리되어 있어, 총 쪽수가 688쪽으로 매우 두껍고 가격도 25,000원으로 비교적 비싼 책이었다. 총 13장으로 구성되어 1학기 내에 끝내기에는 약간 버거울 정도로, 그 이상의 내용을 더하기에는 공부하는 학생이나 강의하시는 교수님께도 미안할 정도의 분량이었다. 우리나라에서 피로에 관심을 갖는 분들의 수는, 현재까지 저자들이 출판한 책 부수로부터 추정해 보면, 최대 400명 정도가 아닌가 한다. 다행스럽게도 처음에 출판한 책 부수는 300부로, 그래도 팔리기 어렵다고 생각하고 있었으나, 1년도 지나지 않아서 품절이 되었다. 다행히 2016년 7월부터 e-북이 출판되어 2020년 4월 현재까지 124부가 판매되었다. 필요한 분들은 모두 보셨으리라 생각되며, 이에 감사하고 있다.

책 출판 전에도 느끼고 있었으나, 《기초 피로강도론(Fundamentals of

Fatigue Analysis)》은 주요한 기초적인 부분은 거의 망라하고 있었으나, 근래 주목을 받는 내용 중 저자들이 연구한 부분을 충분히 담지 못한 아쉬움이 있었다. 언젠가 가능하면 이들 부분을 보완하여 공부하는 학생분들이나 현장에 계신 공학자분들에게 도움이 되었으면 하고 생각하던 중, 《기초 피로강도론》이 e-북을 합하여 400부를 넘긴 올해, 표면균열, 잔류응력장 그리고 짧은 균열에 대해 3장으로 구성된 얇은 책을 《기초 피로강도론 속편》으로 출판하기로 했다. 이들 내용은 현장에서 많이 경험하고, 완전히 해결되었다고는 볼 수 없을 정도로 현재도 진행 중인 문제로, 독자 여러분도 관심이 높은 분야라 할 수 있다. 그러나 이 피로에 관한 연구 결과도 근래 심해지는 외국의 저작권 문제로 그림 등을 쉽게 인용할 수 없는 상태가 되었다. 외국저널에 게재된 결과는 우리나라 출판사정으로는 비용상 거의 인용하기가 어려워졌다. 미국의 ASTM, 일본의 기계학회, 재료학회 등이 이용을 허락하는 유일한 학회가 아닌가 한다. 따라서 《기초 피로강도론 속편》은 양도 많지 않고 중요한 결론을 모식적으로 나타내도 이해가 어렵지 않으리라 생각되어 가능한 한 주요 결론을 문장으로 나타내고 꼭 필요하다고 느끼는 부분은 모식적으로 나타내는 방법을 사용하였다. 반드시 내용을 파악할 필요가 있는 부분은 참고문헌을 참조하는 것도 좋으리라 생각되나, 그러지 않아도 충분히 이해할 수 있도록 서술하였다.

출판사정이 어려우며, 특히나 이공계 전문서적 출판이 매우 어려운 국내 현실을 감안하여 이 속편도 자가 출판형태를 취하고 있다. 출판에 즈음하여 노력해 주신 출판사 지식과감성#의 장길수 사장님께 깊은 감사를 드린다.

2020년 6월 15일

송지호, 김정엽

Table of Contents
이 책의 목차

머리말 · iv

14. 표면균열의 진전거동 · 1
14.1 표면균열의 특징 · 1
14.2 표면균열의 응력강도계수식 · 3
14.3 표면균열의 형상 변화와 하중 형식의 영향 · · · · · · · · · · · 5
14.4 표면균열의 진전거동 예측 · 8

15. 잔류응력장의 균열진전거동 · 19
15.1 잔류응력장의 특징 · 19
15.2 잔류응력장에서의 응력강도계수 평가 방법 · · · · · · · · · · 22
15.3 인장잔류응력장에서의 균열진전과 평가 방법 · · · · · · · · 25
15.4 압축잔류응력장에서의 균열진전과 평가 방법 · · · · · · · · 27
15.5 잔류응력장에서의 균열진전 평가 방법 · · · · · · · · · · · · · · 31

16. 짧은(작은) 균열의 진전거동 ···································· 37
　　16.1 짧은(작은) 균열의 정의 ·· 37
　　16.2 미시조직적 짧은 균열 ·· 43
　　16.3 역학적 짧은 균열 ··· 46
　　16.4 물리적 짧은 균열 ··· 49
　　16.5 짧은 균열진전 평가법 ·· 52

찾아보기 ·· 69

14

표면균열의 진전거동

14.1 표면균열의 특징

지금까지의 균열은 시험편 두께를 관통하고 있는 관통(貫通)균열(through-thickness crack)이 대상이었으나, 실제 구조물에 발생하는 균열은 시험편 두께를 완전히 관통하지 않고 그림14.1-1과 같이 부분적으로만 관통하여 표면에만 노출되어 있는 부분관통균열(part-through-thickness crack) 또는 표면균열(surface crack)이라 불리는 균열형태이다.

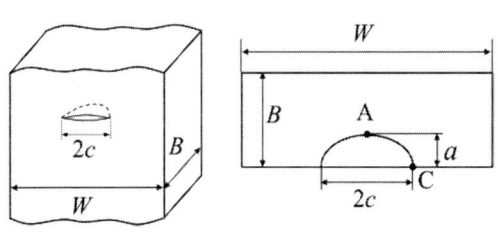

그림14.1-1 표면균열

관통균열은 두께 전체가 일단 같은 형태에 있다고 생각하여 응력강도계수를 구해도 되나, 표면균열은 균열깊이점 A의 균열길이와 균열길이점 C의 균열길이가 다른 것이 일반적이므로 파괴역학파라미터 평가가 이전에는 어려웠던 사정이 있었다. 1979년 Newman과 Raju[1]의 논문이 발표되고 현재의 ASTM E740/740M[2]에 채용되기 이전까지의 논문의 대부분은 표면균열의 응력강도계수 평가에 관한 것으로 특별한 경우를 제외하고는 참고로 할 필요가 없을 정도이다. 그간에 관한 사정은 국내기계학회지의 송의 해설[3]을 참고하면 좋을 것이며, 읽지 않아도 무방하다. 현재는 표면균열의 응력강도계수 평가에 관해서는 ASTM E740/740M[2]의 식을 사용하면 좋으므로 거의 문제가 없다. 다만 표면균열은 균열깊이점 A의 균열길이의 실험적 측정이 어려워 진전속도 평가도 매우 어려운 면이 있고, 균열깊이점 A는 평면변형률상태, 균열길이점 C는 평면응력상태가 되고 있어, 균열진전거동도 서로 달라 그 평가가 간단하지 않은 면이 있다.

압력용기나 원자력플랜트의 배관 등에서 사용되는 파단전(前)누설(漏泄)설계(leak before break design)개념[4]은 표면균열을 대상으로 하고 있어, 이에 관하여 표면균열이 시험편 두께를 관통하는 연구나 초기의 작은 표면균열이 합체하는 연구도 적지 않으나, 위에서 언급한 바와 같이 표면균열의 응력강도계수의 평가가 ASTM E740/740M[2]의 식을 따르지 않는 경우도 많다. 실제의 균열은 대부분 표면균열의 형태이므로, 실용적으로 매우 중요하여 많은 연구가 필요한 부분이기도 하다. 여기서는 표면균열 응력강도계수 평가식과 하중종류에 따른 표면균열형태의 변화, 균열닫힘거동과 균열진전속도에 관해서

설명하기로 한다.

14.2 표면균열의 응력강도계수식

그림14.1-1에 나타낸 표면균열에 대한 응력강도계수식은《기초피로강도론》 11장 pp.459~461에 기재되어 있으나, 다시 써 두면 다음과 같다. 이 식은 ASTM E740/E740M[2)]에 의해 제시된 식이다.

i) 인장응력 σ_t를 받을 때

균열깊이점(crack deepest point) A:

$$\frac{K}{\sigma_t \sqrt{\pi a}} = \frac{M}{\phi} \qquad 14.2-1)$$

균열길이점(crack surface point) C:

$$\frac{K}{\sigma_t \sqrt{\pi a}} = \frac{M}{\phi} S \qquad 14.2-2)$$

여기서

$$M = [1.13 - 0.09(a/c)] + [-0.54 + 0.89/(0.2 + a/c)](a/B)^2$$
$$+ [0.5 - 1/(0.65 + a/c) + 14(1 - a/c)^{24}](a/B)^4$$

$$\phi^2 = 1 + 1.464(a/c)^{1.65}$$

$$S = [1.1 + 0.35(a/B)^2]\sqrt{a/c}$$

M은 수정계수(magnification factor), ϕ^2는 탄성형상계수(elastic shape factor)라 한다. 수정계수 M에는 형상비(aspect ratio, a/c 표면균열의 단축과 장축의 비)의 영향과 시험편 두께 B의 영향이 포함되어 있다.

ii) 최대굽힘응력 σ_b가 발생하는 굽힘하중을 받을 때

균열깊이점 A:

$$\frac{K}{\sigma_b\sqrt{\pi a}} = \frac{M}{\phi} H_2 \qquad 14.2-3)$$

균열길이점 C:

$$\frac{K}{\sigma_b\sqrt{\pi a}} = \frac{M}{\phi} SH_1 \qquad 14.2-4)$$

여기서

$$H_2 = 1 - [1.22 + 0.12(a/c)](a/B) + [0.55 - 1.05(a/c)^{0.75} + 0.47(a/c)^{1.5}](a/B)^2$$

$$H_1 = 1 - [0.34 + 0.11(a/c)](a/B)$$

H_1, H_2는 굽힘하중일 때의 형상비 및 시험편 두께에 대한 수정계수 추가분이다.

이상 식들의 적용범위는 $a \leq c$, $a \leq 0.8B$이다. 좀 더 상세한 식으로는 Newman과 Raju의 식[1]이 있다.

여기서 $a=c$인 반원인 경우 균열길이점 C의 응력강도계수가 균열깊이점 A의 응력강도계수보다 적어도 10% 정도 높다는 것을 기억해 두면 편리할 때가 있다. 균열의 형상비 $a/c>1$, 즉 균열깊이가 균열길이에 비해 클 경우 탄성형상계수 $\phi^2=1+1.464(c/a)^{1.64}$를 이전에 사용하기도 했다[5].

14.3 표면균열의 형상 변화와 하중 형식의 영향

표면균열의 형상, 즉 형상비 a/c는 균열이 진전함에 따라 변하는 것이 일반적이고 하중 형식, 즉 축하중과 굽힘하중에 따라서도 달라진다. 표면균열의 응력강도계수 또는 진전예측을 가늠할 때 데이터로 사용되기도 한다.

주요한 결과를 설명해 두면 다음과 같다.

1) 축하중의 경우

Hosseini와 Mahmoud(1985)[6]의 논문에 당시까지의 실험결과가 모아져 있으며, 그림14.3-1과 같이 대체로 초기 표면균열 형상비 a/c가 1 이상의 경우는 균열이 진전함에 따라 형상비 a/c가 감소하여 최종적으로 형상비 a/c가 1보다 작은 어떠한 접근값에 수렴되는 것에 비해 초기 표면균열 형상비 a/c가 1 이하의 경우는 균열이 진전함에 따라 형상비 a/c가 증가하여 최종적으로 형상비 a/c가 1보다 작은 어떠한 접근값에 수렴하는 형태가 된다. 이것은 축하중의 경우 표면균열의 응력강도계수가 형상비 a/c가 1 이상의 경우 최대값이 균열길이점에 있는 것에 비해 형상비 a/c가 1 이하의 경우 최대값이 균열깊이점에 있는 것과 깊은 관계가 있다[식14.2-2)의 S값 참고].

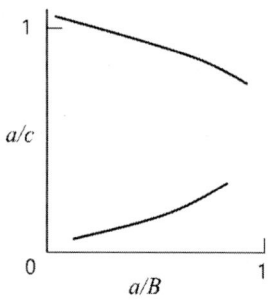

그림14.3-1 축하중하의 표면균열 형상비의 변화

수렴값으로 0.9~0.8 정도를 보고한 결과가 있고[6], 김과 송의 연구[7]에서는 0.85가 되고 있다. 다만 그들의 연구에서 형상비의 변화는 균열이 작은 경우 빠르고, 균열이 진전함에 따라 천천히 수렴하는 경향이 있다. 축하중의 경우 대체로 위와 같이 생각하면 된다. 형상비가 변화하는 형태는 응력비에 크게 영향을 받지 않는 경향이 있다. 다만 응력비 $R=-1$의 경우 수렴하는 속도가 약간 늦은 감은 있다고 할 수가 있다[8].

2) 굽힘하중의 경우

굽힘하중의 경우, 응력강도계수의 균열길이점에 대한 수정계수 H_1이 균열 깊이점에 대한 H_2보다 언제나 큰 경우가 많아 표면균열의 형상비는 균열이 진전하면 비교적 빠르게 감소하는 것이 일반적이며, 변화 양상은 응력비에 별로 영향을 받지 않는 경향[9]이 있다.

3) 축하중과 굽힘하중이 혼합된 경우

축하중과 굽힘하중이 혼합된 경우에 대한 연구[10]가 있으며, 그 결과는 초기 형상비가 $a/c=1$의 경우 1)의 축하중과 2)의 굽힘하중의 경우를 혼합한 그림 14.3-2과 같은 형상이 된다.

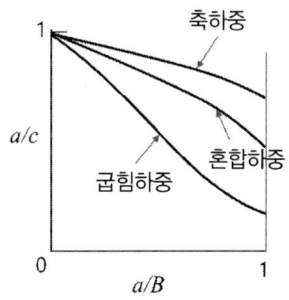

그림14.3-2 혼합하중하의 표면균열 형상비의 변화

14.4 표면균열의 진전거동 예측

표면균열의 진전거동을 예측한 연구는 이전에도 다수 있어 ASTM STP 687[11]에 정리되어 있기도 하다. 1977년에 있었던 관련 심포지엄의 논문을 취합한 것으로 그 내용은 마지막 부분에 Chang[12]에 의해 잘 정리되어 있다. 그러나 당시까지도 표면균열의 응력강도계수에 관하여 완전하게 해결이 안 되어 있었던 상태였으며, 균열진전예측에 Paris식[13], Forman 등의 식[14], Walker의 식[15], Hall 등의 식[16] 등을 사용하고 있으나 일반적으로 만족할 만한 결과가 얻어지고 있다고 하고 있다. 그리고 C(T)에 대한 균열진전속도 시험결과를 이용하여 표면균열의 진전거동을 예측할 수 있는 가능성을 시사하고 있다[17].

응력강도계수를 기본으로 예측한 주요 연구로는 Newman과 Raju의 연구[18]가 있다. 균열진전속도가 Paris의 법칙[13]에 따른다고 하면, 표면균열의 깊이점 A와 길이점 C의 균열진전속도는

$$\frac{da}{dN} = C_a (\Delta K)^{na} \qquad 14.4-1)$$

$$\frac{dc}{dN} = C_c (\Delta K)^{nc} \qquad 14.4-2)$$

과 같이 나타낼 수 있다. 여기서 C_a, C_c, na, nc는 각각 A, C점에 대한 균열진전계수 및 지수이다. 그들은 $na=nc=n$이라 가정하고 인장 및 굽힘하중에서의 초기의 작은 표면균열은 반원형으로 진전한다는 Corn[19]의 실험결과와

응력강도계수는 C점이 A점보다 10% 정도 높다는 해석결과를 이용하면 위의 식으로부터 $C_c = 0.91^n C_a$의 관계가 얻어지므로 표면균열의 형상변화는

$$\frac{\Delta a}{\Delta c} = \frac{C_a}{C_c}\left(\frac{\Delta K_a}{\Delta K_c}\right)^n = \left(\frac{\Delta K_a}{0.91 \Delta K_c}\right)^n \qquad 14.4-3$$

으로부터 평가할 수 있다고 제안하고 있다. n은 재료에 따라 변화하는 값이나 $n=4$를 사용하여 실험결과와 잘 맞는다고 하고 있다. 이 방법에 대해 긍정적인 결과[6]도 없지 않으나, 형상비 a/c를 과소평가한다는 보고[19]도 있다. Newman-Raju와 유사한 개념으로 균열형상을 예측하려는 연구 등도 있으나, 균열진전속도를 응력강도계수폭 ΔK를 사용하고 있어 문제가 있다.

그러나 Elber[20] 이래 관통균열은 물론 표면균열도 균열닫힘을 고려한 유효응력강도계수폭 ΔK_{eff}로 정리하는 것이 바람직하다고 알려져 있다. 관통균열의 경우 다음과 같이 나타낼 수가 있다.

$$\frac{da}{dN} = C(\Delta K_{eff})^n = C(U_{thr}\Delta K)^n \qquad 14.4-4$$

여기서 U_{thr}은 관통균열의 균열열림비를 나타낸다. 따라서 표면균열에서 균열깊이 방향과 균열길이 방향의 균열진전속도는 다음과 같이 나타내는 것이 좋을 것이다.

$$\frac{da}{dN} = C_a(\Delta K_{eff,a})^{na} = C_a(U_a \Delta K_a)^{na} \qquad 14.4-5$$

$$\frac{dc}{dN} = C_c (\Delta K_{eff,c})^{nc} = C_c (U_c \Delta K_c)^{nc} \qquad 14.4-6)$$

여기서 C_a, C_c 및 na, nc는 식14.4-1~2)와는 달리 ΔK_{eff}에 관한 진전속도식에서의 값들로서 응력비 R 등에 무관한 재료정수이며, $\Delta K_{eff,a}$와 $\Delta K_{eff,c}$는 각각 A와 C점의 유효응력강도계수폭을 나타낸다. 식14.4-5~6)을 식14.4-3)과 같이 나타내면

$$\frac{\Delta a}{\Delta c} = \frac{C_a}{C_c} \frac{(U_a \Delta K_a)^{na}}{(U_c \Delta K_c)^{nc}} \qquad 14.4-7)$$

이 된다. 표면균열의 진전속도는 균열깊이점이나 균열길이점 모두 균열닫힘을 고려한 유효응력강도계수폭 ΔK_{eff}를 사용하여 정리하면 거의 동일하다는 실험 결과를 바탕으로 Jolles와 Tortoriello[21]는 $C_a = C_c$, $na = nc = n$으로 가정한 뒤, Newman-Raju의 경우와 같이 초기의 반원균열이 반원형태로 진전한다는 실험결과로부터 $U_c/U_a = 0.91$을 유도하여 균열형상비 변화를 계산하고 있다. 즉

$$\frac{\Delta a}{\Delta c} = \left(\frac{\Delta K_a}{0.91 \Delta K_c} \right)^n \qquad 14.4-8)$$

가 되어 식의 형태로는 Newman-Raju의 식14.4-3)과 동일하게 되나 지수 n값이 ΔK에 대한 것이 아니라 ΔK_{eff}에 관한 것이라는 점이 다른 점이다.

Jolles 등[22,23]은 알루미늄합금 2024-T351 관통균열 C(T)시편으로 $R=0.1$의 일정진폭시험을 통해 n값을 구하고 응력비에 따른 균열열림비를 시험표면에서 측정하여 그 값을 U_c로 가정한 후 표면균열의 형상비 변화를 예측하여

좋은 결과를 얻고 있다. 그 외 여러 연구가 있으나 $U_c/U_a=0.91$보다는 $0.88^{24)}$이나 다른 값을 보고하는 예[25]도 있다. 따라서 U_c/U_a에 관해서는 충분한 검토가 필요하다. 균열형상비 a/c를 예측하는 데에는 식14.4-8)에서 U_c/U_a의 값만으로 충분한 형태가 되어 있으나 균열진전수명을 예측하는 경우에는 식 14.4-5~6)으로 알 수 있는 바와 같이 U_c와 U_a의 값이 필요하며, 이들 값과 관통균열의 결과와의 상관관계 또한 검토할 필요가 있다. $C_a=C_c$, $na=nc$의 가정은 어느 정도 타당하다고 할 수 있으나, C나 n 값은 재료와 속도영역에 따라서는 다른 값도 가진다고 알려져 있으므로 $U_a\Delta K_a$와 $U_c\Delta K_c$가 다른 영역에 있을 경우 특히 식14.4-8)의 형태는 합리적이 아니다. 과대평가된다는 보고도 있다[25].

한편, 김과 송은 Fleck 등[24]과 Troha 등[27]의 연구결과를 참조하여 표면균열의 깊이점의 균열열림은 표면균열의 균열입구게이지방법(crack mouth gauge method)을 사용하여 측정하고, 표면균열의 균열길이점의 균열열림은 7장의 스트레인게이지를 시험편 표면에 부착하여 균열선단으로부터 평면응력소성역 $\omega_{pm}=(K_{max}/\sigma_{ys})^2/\pi$의 20배 내에서 측정한 결과를 사용하여 균열깊이점의 균열열림비 U_a와 균열길이점의 균열열림비 U_c를 결정하여[7], 축하중에서의 표면균열의 진전속도를 예측[28]하고 있다. 균열길이점의 균열길이와 균열열리점측정에 스트레인게이지 대신에 KRACK-GAGE라는 일명 간접전위차법(indirect potential drop method)이라고도 불리는 방법도 사용할 수 있으나, 스트레인게이지보다는 가격이 비싸고 접착 시 경화(curing)과정을 두 번이나 하는 번거로움이 있어 그들은 스트레인게이지를 사용하고 있다. 상세하게 설명하면 다음과 같다.

식14.4-5~6)에서의 $C_a=C_c$, $na=nc$의 가정은 대체로 잘 성립하므로 그대로 사용하기로 하고, 표면균열의 진전거동을 예측하는 데 관통균열에 대한 것을 사용하는 것이 경제적으로 유리하므로 식14.4-5~6)에서의 계수 및 지수에 대하여 각각 관통균열에 대한 C, n 값을 사용하기로 하고, 균열열림비 U에 대해서도 관통균열의 결과를 이용할 수 있도록 하면 식14.4-5~6)은 다음과 같이 된다.

$$\frac{da}{dN} = C(U_a \Delta K_a)^n = C(U_{thr} \frac{U_a}{U_{thr}} \Delta K_a)^n \qquad 14.4-9)$$

$$\frac{dc}{dN} = C(U_c \Delta K_c)^n = C(U_{thr} \frac{U_a}{U_{thr}} \frac{U_c}{U_a} \Delta K_c)^n \qquad 14.4-10)$$

여기서 주의할 점은 C, n, U_{thr}은 평면변형률 상태에서의 관통균열에 대한 결과로서 C와 n 값은 속도영역에 의존하는 값이다. Kim과 Song의 연구결과[7]로부터 $U_a/U_{thr}=1$, U_c/U_a에 관해서는 수명에 관하여 평균적인 값 $U_c/U_a=0.92$를 사용하고 있다. 다만 응력비 $R=-1$의 경우 0.85로 약간 작은 값이 되고 있다[8]는 것을 지적해 두기로 한다. 이 경우, 식14.1-9~10)은 다음과 같이 된다.

$$\frac{da}{dN} = C(U_a \Delta K_a)^n = C(U_{thr} \cdot \Delta K_a)^n \qquad 14.4-11)$$

$$\frac{dc}{dN} = C(U_c \Delta K_c)^n = C(U_{thr} \cdot 0.92 \Delta K_c)^n \qquad 14.4-12)$$

C, n, U_{thr}에 대해서는 측면홈이 있는 중앙관통균열시험편(M(T)시편) 결과를 이용하여 예측한 결과는 실험결과와 잘 일치하고 있다. 표면균열 형상비 예측은 가장 큰 경우에도 5% 미만, 균열진전수명에서 2배 이하의 안전쪽 예측을 하고 있다.

Kim과 Song은 U_c/U_a의 영향을 검토하고 있으며 이 값이 0.92보다 작으면 수명에 대한 오차는 작아지는 반면 형상비에 대한 오차는 좀 커지는 경향이 있으며, 0.92보다 커지면 수명과 형상비 모두 커지는 경향이 있다고 밝히고 있다.

굽힘하중에 대한 Oh와 Song의 연구[9]가 있으며, 이 경우에는 $U_c/U_a=0.90$, $U_a/U_{thr}=1.17$ 정도가 된다고 하고 있다. 따라서 U_c/U_a에 관해서는 Jolles와 Tortoriello[21]의 결과인 $U_c/U_a=0.91$를 사용해도 괜찮을 것이다. 한편 U_a/U_{thr}에 관해서는 축하중의 경우 $U_a/U_{thr}=1$, 다만 응력비 $R=-1$의 경우 약간 큰 1.1 정도[8], 형상비의 변화가 큰 굽힘하중의 경우에는 좀 더 큰 $U_a/U_{thr}=1.17$를 사용하는 것도 하나의 방법일 것이다. 이 비가 1보다 크다는 것은 표면균열의 균열깊이점 균열열림이 관통균열의 균열열림보다 일찍 열린다는 것을 의미하여 매우 흥미로우며, 특히 굽힘하중의 경우 현저하다는 것이다. 굽힘하중의 경우 응력비가 증가하면 점점 $U_a/U_{thr}=1$에 가까워진다는 보고도 있다[9]. 표면균열의 형상비와 수명예측에 관해서는 식14.4-11~12)를 사용하고 $U_c/U_a=0.91$, 하중형식에 따라 축하중의 경우 $U_a/U_{thr}=1$ 또는 조금 높은 1.1, 굽힘하중의 경우 $U_a/U_{thr}=1.17$ 정도를 사용하면 좋지 않을까 한다.

표면균열에 관하여 지적해 둘 사항으로는 균열닫힘을 고려한 유효응력강도계수폭 ΔK_{eff}로 정리한 경우 진전속도는 대체로 표면균열이 관통균열보다는 늦은 경향이 있어, 관통균열의 유효응력강도계수폭 개념을 사용하여 표면균열의 진전속도를 예측한 경우 대체로 안전쪽, 즉 수명이 짧은 쪽으로 예측이 될 가능성이 높다는 것이다. 그리고 표면균열은 언제나 완전한 반타원의 형태로 진전하지 않고 그림14.4-1과 같이 균열길이점보다 약간 내부쪽(표면에서 내부로 약 5° 정도)에서 빨리 진전하는 등 복잡한 거동도 실험적으로 관찰[3]되기도 한다.

그림14.4-1 표면균열의 표면에서의 균열진전[3]

또한 3차원 유한요소법(3D FEM)을 통한 표면균열의 균열닫힘에 대한 수치해석[29-32]도 이루어지고 있어, 하중이 0인 경우에도 균열선단 부근에서는 균열이 닫히지 않는 부분열림현상이 일어난다는 실험결과[27,33]에 대한 설명도 이루어 지고 있으며, Kim과 Song[7]에 의한 표면균열의 균열깊이점의 균열열림은 유한요소해석에 의한 균열열림보다 약간 높다는 결과도 보고하고 있다[32].

그러나 현재도 요소크기, 안정화에 대한 연구가 많아 표면균열의 진전거동을 예측할 수 있는 단계에는 이르지 못하고 있다. 다만, 이미 언급한 바와 같이 실제 발생하는 초기 균열은 대부분 표면균열의 형태로 나타나므로 실제로는 작은 표면균열이 문제가 되나, 작은 균열의 문제는 또 다른 문제이므로 이에 관해서는 16장에서 다루기로 하고 파괴역학이 적용되는 비교적 긴 표면균열의 진전거동 예측에 대해서는 위에서 언급한 방법을 사용하면 현재로서는 좋을 것이다. 또한 실제로 작은 표면균열은 응력집중이 존재하는 부분인 구멍 등에 구석균열(corner crack)의 형태로 나타나는 경우도 많아 이에 관한 연구도 있으나, 이 경우에는 응력강도계수에 응력집중의 영향을 고려할 필요가 있으며 또 소성변형이 발생하는 경우에는 이 소성변형이 균열진전에 미치는 영향도 고려할 필요가 있어 더욱 복잡해져, 현재로는 다루기 힘든 상황이다.

표면균열의 변동하중하의 진전거동에 관해서는 Fleck 등[24]과 Clerivet와 Bathias[25]의 단일과대하중 연구가 유명하나, 표면균열의 거동과 관통균열의 거동이 비슷하여, 관통균열의 경우와 마찬가지로 균열닫힘현상만으로는 설명하기는 좀 어렵다는 결과가 나오고 있으며, 이는 김의 결과[8]에서도 확인된다. 특히 랜덤하중하의 연구결과로는 이, 최와 김의 연구[34]에서 균열성장데이터는 없고 수명예측결과만 볼 수 있으나, 표면균열의 계통적인 랜덤하중결과는 세계적으로 거의 없다[35]고 할 수가 있을 것이다. 따라서 현시점에서는 관통균열의 랜덤하중하의 결과를 식14.4-11~12)에 응용해 보는 것이 하나의 방법이 되겠으나, 그 검증이 꼭 필요할 것이다.

14장 참고문헌

1) J.C. Newman, Jr. and I.S. Raju, "Analyses of Surface Cracks in Finite Plates under Tension and Bending Loads," NASA TP-1578, 1979.
2) ASTM E740/E740M-03(Reapproved 2016): Standard Practice for Fracture Testing with Surface-Crack Tension Specimens, Annual Book of ASTM Standards Section 3, Volume 03.01, 2018.
3) 송지호, "파괴역학의 현황(II)," 대한기계학회지, Vol. 21, pp. 10-21, 1981.
4) 파단전누설 설계개념에 대해서는 J.M. Barsom and S.T. Rolfe, Fracture and Fatigue Control in Structure Applications of Fracture Mechanics, Third Edition, 1999, American Society for Testing and Materials, pp. 378-381에 상세하게 설명되어 있다.
5) J.C. Newman, Jr., "Fracture Analysis of Surface and Through-Cracked Sheets and Plates," Engineering Fracture Mechanics, Vol. 5, pp. 667-689, 1973.
6) A. Hosseini and M.A. Mahmoud, "Evaluation of Stress Intensity Factor and Fatigue Crack Growth of Surface Cracks in Tension Plates," Engineering Fracture Mechanics, Vol. 22, pp. 957-974, 1985.
7) J.H. Kim and J.H. Song, "Crack Growth and Closure Behaviour of Surface Cracks under Axial Loading," Fatigue and Fracture of Engineering Materials and Structure, Vol. 15, pp. 477-489, 1992.
8) 김종한, 한국과학기술원, 1991.
9) C.S. Oh and J.H. Song, "Crack Growth and Closure Behavior of Surface cracks under Pure Bending Loading," International Journal of Fatigue, Vol. 23, pp. 251-258, 2001.
10) M.A. Mahmoud, "Some Characteristics of Fatigue Crack Propagation of Surface Cracks," Engineering Fracture Mechanics, Vol. 41, Technical Note, pp. 961-966, 1992.
11) ASTM STP 687 "Part-Through Crack Fatigue Life Prediction," American Society for Testing and Materials, Section 3, Vol. 03.01,1979.
12) J.B. Chang, "Summary," ASTM STP 687, pp. 211-213, 1979.

13) P. Paris and F. Erdogan, "A Critical Analysis of Crack Propagation Laws," Journal of Basic Engineering, Transaction of ASME, Series D, Vol. 85, pp. 528–534, 1963.

14) R.G. Forman, V.E. Kearney and R.M. Engle, "Numerical Analysis of Crack Propagation in Cyclic-Loaded Structures," Journal of Basic Engineering, Transaction of ASME, Series D, Vol. 89, pp. 459–464, 1967.

15) E.K. Walker, "The Effect of Stress Ratio during Crack Propagation and Fatigue for 2024–T3 and 7075–T6," ASTM STP 462, pp. 1–15, 1970.

16) L.R. Hall, R.C. Shah and W.L. Engstrom, "Facture and Fatigue Crack Growth Behavior of Surface Flaws and Flaws Originating at Fastener Holes," AFFDL–TR–74–47 Vol. 1, Air Force Flight Dynamics Laboratory, May, 1974.

17) J.L. Rudd, "Part–Through Crack Growth Predictions Using Compact Tension Crack Growth Rate Data," ASTM STP 687, pp. 96–112, 1979.

18) J.C. Newman and I.S. Raju, "An Empirical Stress Intensity Factor Evaluation for the Surface Cracks," Engineering Fracture Mechanics, Vol. 15, pp. 185–192, 1981.

19) M.P. Connolly and R. Collins, "The Measurement and Analysis of Semi-elliptical Surface Fatigue Crack Growth," Engineering Fracture Mechanics, Vol. 26, pp. 897–911, 1987.

20) W. Elber, "The Significance of Fatigue Crack Closure," ASTM STP 486, pp. 230–259, 1971.

21) M. Jolles and V. Tortoriello, "Geometry Variation during Fatigue Growth of Surface Flaw," ASTM STP 791, pp. 1297–1307, 1983.

22) M. Jolles, "Constraint Effects on the Prediction of Fatigue Life of Surface Flaws," Transactions of ASME, Journal of Engineering Materials Technology, Vol.105, pp. 215–218, 1983.

23) M. Jolles and V. Tortoriello, "Effects of Constraint Variation on the Fatigue Crack Growth of Surface Flaws," ASTM STP 833, pp. 300–311, 1984.

24) N.A. Fleck, I.F.C. Smith and R.A. Smith, "Closure Behavior of Surface Cracks," Fatigue and Fracture of Engineering Materials and Structure, Vol. 6, pp. 225–239, 1983.

25) A. Clerivet and C. Bathias, "Influence of Some Mechanical Parameters on the Crack Closure Effects in Fatigue Crack Propagation in Aluminum Alloys," ASTM STP 982, pp. 583-597, 1988.
26) Y.S. Choy, W.H. Yang, Y.J. Kim and S.W. Kim, "Prediction of Fatigue Growth Patterns in Surface Cracked Bodies," Fatigue 90, pp. 2389-2394, 1990.
27) W.A. Troha, T. Nicholas and A.F. Grandt, Jr. "Three-Dimensional Aspect of Fatigue Crack Closure in Surface Flaws in Polymethylmethacrylate Material," ASTM STP 982, pp. 598-616, 1988.
28) 김종한, 송지호, "축하중을 받는 초기 반원 표면피로균열의 진전거동 예측," 대한기계학회논문집, Vol. 16, pp. 1536-1544, 1992.
29) S.R. Daniewicz and C.R. Avelien, "Strip-Yield and Finite Element Analysis of Part-Through Surface Flaws," Engineering Fracture Mechanics, Vol. 67, pp. 21-39, 2000.
30) J.D. Skinner and S.R. Daniewicz, "Simulation of Plasticity-Induced Fatigue Crack Closure in Part-Through Cracked Geometries Using Finite Element Analysis," Engineering Fracture Mechanics, Vol. 69, pp. 1-11, 2002.
31) C.Y. Hou, "Three-Dimensional Finite Element Analysis of Fatigue Crack Closure Behaviour in Surface Flaws," International Journal of Fatigue, Vol. 26, pp. 1225-1239, 2004.
32) J.S. Kim, J.Y. Kang and J.H. Song, "Elucidation of Fatigue Crack Closure Behavior in Surface Crack by 3-D Finite Element Analysis," International Journal of Fatigue, Vol. 29, pp. 168-180, 2007
33) W.A. Troha, T. Nicholas and A.F. Grandt, Jr., "Observations of Three-Dimensional Surface Flaw Geometries during Fatigue Crack Growth in PMMA," ASTM STP 1060, pp. 260-286, 1990.
34) 이진호, 최용식, 김영진, "동일평면상에 존재하는 복수표면균열의 피로성장," 대한기계학회논문집, Vol. 17, pp. 1668-1677, 1993.
35) 송지호, 김종한, 김정엽, "유사랜덤하중파형 작성과 이를 이용한 랜덤하중하의 표면피로균열진전에 관한 기초적 검토," 대한기계학회논문집, Vol. 13, pp. 125-134, 1989.

15
잔류응력장의 균열진전거동

15.1 잔류응력장의 특징

 실제 구조물에서는 가공, 제조의 과정 등에서 잔류응력장이 발생하는 경우가 많아, 구조물의 건전성 평가에는 잔류응력의 영향을 충분히 고려할 필요가 있다. 균열발생의 경우에는 대부분 평균응력의 영향으로 다루고, 균열이 발생하는 위치에 초기에 인장잔류응력이 존재하면 수명을 감소시키고, 반대로 압축잔류응력이 존재하면 수명을 증가시키는 영향이 있다고 보고 잔류응력의 하중되풀이에 따르는 감소거동과 이에 기인하는 잔류응력의 재분포에 관해서는 대부분 무시하는 형태로 다루어 그다지 문제가 없었다. 그러나 잔류응력이 현저히 존재하고 균열진전이 크게 문제가 되는 용접구조물에서는 균열진전에 대한 잔류응력의 영향이 매우 중요하게 됐다. 따라서 용접가공이 대부분인 선박

공업이 발달한 영국[1], 일본[2], 한국[3] 등에서 용접구조물과 관련하여 잔류응력이 피로균열에 미치는 영향에 관하여 많은 연구가 이루어졌다.

균열발생의 경우와는 달리, 균열진전은 응력강도계수에 의해 지배되고, 잔류응력장에서의 응력강도계수는 균열길이와 잔류응력의 분포에 따라 시시각각 달라지므로 잔류응력분포가 매우 중요해져 잔류응력 분포를 알고 해석을 할 필요가 있다. 따라서 잔류응력장에서의 균열진전은 일반균열의 경우보다 더욱 어려운 면이 있다. 잔류응력은 용접재 외에도 숏피닝(shot peening) 등과 같은 가공에서도 발생하여 이에 대한 연구도 있다[4,5].

잔류응력의 또 하나의 특징으로는 잔류응력은 내부응력이므로 평형을 이루고 있어 인장잔류응력이 존재하면 반드시 압축잔류응력도 존재한다는 것으로, 균열이 인장잔류응력장으로부터 시작하는 경우와 압축잔류응력장으로부터 시작하는 경우가 수명의 단축은 물론 진전거동이 매우 달라 예측하기가 매우 힘들다는 것이다. 다만 주의할 점으로는 용접재에 대한 연구는 용접방법이 매우 다양하여 잔류응력의 분포도 다양하고 잔류응력의 영향 외에 열영향부(heat affected zone)에서의 균열진전이 모재(matrix material)의 균열진전과 다르다는 것도 고려해야 한다는 것, 그리고 초기의 균열형태는 작은 표면균열의 형태로 용접재의 피로문제가 그리 쉽지 않다는 것이다. 여기서는 잔류응력의 영향만을 다루기로 한다. 그리고 현재까지의 연구결과를 필요 최소한만 인용하기로 하고 현재까지 얻어지고 있는 그리고 활용할 수 있는 피로균열진전 결과에 대해서만 설명하기로 한다.

잔류응력장에서의 균열진전 평가 방법으로는 여러 가지가 제안되고 있으나, 대체로 잔류응력에 의한 응력강도계수 K_r을 탄성파괴역학의 겹침법(superposition method)과 무게함수(weight function)를 사용하여 구하여, 이를 사용하여 잔류응력의 영향을 평가하는 방법이 가장 많다. 그중에서도 Glinka[6]의 이른바 유효응력비 R'라 불리는 방법이 유명하다. R'는 다음과 같이 정의된다.

$$R' = \frac{K'_{min}}{K'_{max}} = \frac{K_{min} + K_r}{K_{max} + K_r} \qquad 15.1-1)$$

여기서 K_{min}과 K_{max}은 부하하중에 의한 최소 및 최대 응력강도계수이며, K_r은 잔류응력에 의한 응력강도계수이다. 이 방법은 본질적으로는 잔류응력의 영향을 응력강도계수를 통하여 평균응력의 영향과 동일하게 다루는 방법이다. 이에 대해 긍정적인 연구결과도 적지 않다[7,8].

또 하나의 방법은 Elber에 의해 제안된 균열닫힘[9]을 고려한 유효응력강도계수를 이용하는 방법이다. 이 방법으로 잔류응력의 영향을 고려할 수 있다는 결과도 많다[10].

Kang 등[11,12]은 대표적인 잔류응력 분포에 대해 균열이 인장잔류응력장으로부터 시작하는 경우와 압축잔류응력장으로부터 시작하는 경우의 균열진전을 지배하는 인자에 관하여 체계적인 연구를 수행하고 있다. 여기서는 그들의 연구결과[11,12]를 예로, 균열이 잔류응력장을 진전하는 경우의 응력강도계수 해석방법 및 진전거동에 관하여 설명하기로 한다.

15.2 잔류응력장에서의 응력강도계수 평가 방법

길이가 긴 판재료를 그림15.2-1a)와 같이 맞대기 용접을 하면 그림15.2-1b)와 같은 용접선에 관하여 대칭인 전형적인 잔류응력분포가 재료에 발생한다. 중앙부분에 인장잔류응력 영역, 모서리부분에 압축잔류응력 영역이 발생하고 인장잔류응력과 압축잔류응력은 평형을 이룬다. 따라서 해석은 판의 용접선을 중심으로 1/2 부분에 대해서만 수행하면 된다.

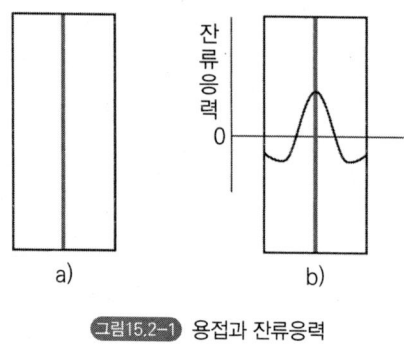

그림15.2-1 용접과 잔류응력

잔류응력에 의한 응력강도계수 K_r은 파괴역학의 겹침법과 무게함수를 이용하면 다음과 같이 주어진다[13-15].

$$K_r(a) = \int_0^a \sigma_y^r(x)\, m(x,a)\, dx \qquad 15.2-1$$

여기서 $\sigma_y^r(x)$는 균열이 없는 시험편의 원래의 응력이며, $m(x, a)$는 시험편에 대한 무게함수(weight function)이다. 피로균열이 인장잔류응력영역으로부터 시작하는 경우의 인장중앙균열시험편과 피로균열이 압축잔류응력영역으로부터 시작하는 경우의 한쪽모서리균열에 대한 무게함수는 다음과 같이 주어진다[16].

중앙균열시험편에 대해

$$m(x,a) = \frac{2}{\sqrt{b}}\left[1 + 0.297\sqrt{1-\left(\frac{x}{a}\right)^2}\left(1-\cos\frac{\pi a}{b}\right)\right]G\left(\frac{a}{b},\frac{x}{a}\right) \quad 15.2\text{-}2)$$

여기서

$$G\left(\frac{a}{b},\frac{x}{a}\right) = \sqrt{\tan\left(\frac{\pi a}{b}\right)\frac{1}{1-\left[\cos(\pi a/b)/\cos(\pi x/b)\right]^2}}$$

여기서 $2a$와 $2b$는 각각 중앙균열의 길이와 시험편의 폭을 나타낸다.

한쪽모서리균열의 경우는

$$m(x,a) = \frac{2}{\sqrt{\pi a}}\frac{G\left(\frac{a}{b},\frac{x}{a}\right)}{\left(1-\frac{a}{b}\right)^{3/2}\sqrt{1-\left(\frac{x}{a}\right)^2}} \quad 15.2\text{-}3)$$

여기서

$$G\left(\frac{a}{b},\frac{x}{a}\right) = g_1\left(\frac{a}{b}\right) + g_2\left(\frac{a}{b}\right)\cdot\frac{x}{a} + g_3\left(\frac{a}{b}\right)\cdot\left(\frac{x}{a}\right)^2 + g_4\left(\frac{a}{b}\right)\cdot\left(\frac{x}{a}\right)^3$$

$$g_1\left(\frac{a}{b}\right) = 0.46 + 3.06\left(\frac{a}{b}\right) + 0.84\left(1-\frac{a}{b}\right)^5 + 0.66\left(\frac{a}{b}\right)^2\left(1-\frac{a}{b}\right)^2$$

$$g_2\left(\frac{a}{b}\right) = -3.52\left(\frac{a}{b}\right)^2$$

$$g_3\left(\frac{a}{b}\right) = 6.17 - 28.22\left(\frac{a}{b}\right) + 34.54\left(\frac{a}{b}\right)^2 - 14.39\left(\frac{a}{b}\right)^3 - \left(1-\frac{a}{b}\right)^{3/2}$$
$$- 5.88\left(1-\frac{a}{b}\right)^5 - 2.64\left(\frac{a}{b}\right)^2\left(1-\frac{a}{b}\right)^2$$

$$g_4\left(\frac{a}{b}\right) = -6.63 + 25.16\left(\frac{a}{b}\right) - 31.04\left(\frac{a}{b}\right)^2 + 14.41\left(\frac{a}{b}\right)^3 + 2\left(1-\frac{a}{b}\right)^{3/2}$$
$$+ 5.04\left(1-\frac{a}{b}\right)^5 + 1.98\left(\frac{a}{b}\right)^2\left(1-\frac{a}{b}\right)^2$$

이며, 균열이 압축잔류응력장에 있는 한쪽모서리시험편의 무게함수에서 a 와 b는 각각 균열길이와 시험편 폭으로서 중앙균열시험편의 $2a$와 $2b$와는 약간 다르다. 이들 식으로부터 얻어지는 잔류응력에 의한 응력강도계수는 그림 15.2-2와 같은 형상이 된다.

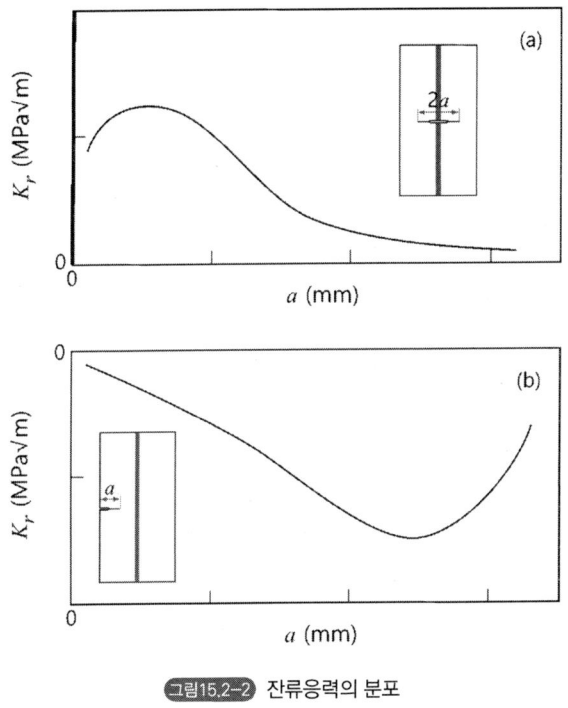

그림15.2-2 잔류응력의 분포

15.3 인장잔류응력장에서의 균열진전과 평가 방법

인장잔류응력장의 영향을 검토하기 위해 Kang 등[11])은 먼저 용접하지 않은 중앙균열시험편의 균열특성을 알기 위해 응력비를 7종류, 즉 $R=0.4$, 0.2, 0.1, 0.0, -0.5, -1.0, -2.0에 대해 시험하고, 인장잔류응력장 영향을 검토하기 위해 맞대기 용접한 시험편에 대해서는 응력비 $R=0$, -0.5, -1.0, -2.0,

−∞, 5종류, 특히 압축하중이 지배적인 경우에 대해서 시험하고 있다. 중심선이 맞지 않아 압축하중에 의해 좌굴이 일어나면 곤란하므로 ASTM E647[17]이 추천하는 볼트-홈(bolt-keyway)장치와 우드금속(Wood's metal)을 사용하여 시험편을 고정하고 있으며, 시험편의 평행부길이(gauge length)도 가능한 한 짧게 시험편 폭의 1.2배로 하도록 하고 있다. 압축하중도 Euler의 압축하중[18]에 비해 훨씬 작게 하고 있다. 균열의 길이 및 균열닫힘거동을 저자들에 의해 개발된 PC시스템의 제하탄성컴플라이어스법(unloading elastic compliance method)[19,20]을 사용하여 측정하고 있다. 그들의 결과에 의하면

1) 비용접의 경우에 압축하중하에서도 측정된 균열열림응력강도계수 K_{op}를 사용하여 유효응력강도계수폭 ΔK_{eff}를 구하여 균열진전속도를 평가하면 잘 정리가 되며, 용접한 재료의 인장잔류응력장에서의 압축하중하에서도 피로균열진전속도는 ΔK_{eff}에 의해 잘 정리가 된다.

2) 인장잔류응력장에서 측정한 균열열림응력강도계수 $K'_{op} = K_{op}(측정값) + K_r$은 유효응력비를 사용하여 예측한 K'_{op}와 잘 일치하며, 또한 유효응력비 R'를 사용하여 예측한 인장잔류응력장에서의 피로균열진전속도가 부하하중에 관계없이 실제 피로균열진전속도와 잘 일치하고 있다. 그러나 자주 사용되는 $K'_{min} = K_{min} + K_r < 0$인 경우에 대해 $R' = 0$, $\Delta K' = K_{max} + K_r$과 같이 사용하는 것은 위험쪽의 평가가 된다.

는 등의 결과를 얻고 있다.

이들 결과에서는 인장잔류응력장에서의 피로균열진전속도는 균열닫힘을 이용한 유효응력강도계수폭 ΔK_{eff}나 유효응력비 R'를 사용하면 잘 평가할 수 있

다는 것이 된다.

15.4 압축잔류응력장에서의 균열진전과 평가 방법

Kang 등[12]은 압축잔류응력의 영향을 고려하기 위해 잔류응력에 의한 응력강도계수 K_r이 그림15.2-2와 같이 거의 압축인 한쪽모서리균열시험편을 인장응력이 대부분인 응력비 $R=0.1$, 0.2, 0.4에서 수행하고 있으며, 특히 $R=0.4$의 경우에는 초기 노치길이가 $a_0=10mm$와 18mm, 두 종류에 대해서 시험하고 있다. 경도검사 결과 열영향부(heat affected zone)는 용접선에서 6mm 이내의 영역에 국한되어 있다고 보고 용접선에서 6mm 이상 충분히 떨어져 있는 영역에서만 시험을 하고 있다.

시험중의 균열길이와 균열닫힘 측정은 앞의 연구와 마찬가지로 저자들에 의해 개발된 PC시스템의 제하탄성컴플라이어스법(unloading elastic compliance method)[19,20]을 사용하고 있다. 물론 용접하지 않은 재료가 시험편형상, 즉 중앙균열시험편과 한쪽모서리균열시험편에 따라 진전거동이 다르지 않다는 것을 확인하고 있다. 그들의 연구 결과는 다음과 같다.

1) 균열진전영역에서의 초기 잔류응력의 형태에 따라 균열의 진전거동과 닫힘거동이 다른 거동 패턴을 보인다.

2) 압축잔류응력장분포가 거의 일정한 영역에서는 인장잔류응력장의 경우와 마찬가지로, 균열닫힘을 고려한 유효응력강도계수폭으로 잘 정리가 되며,

유효응력비 R' 방법도 이용할 수 있다.

3) 한편 압축잔류응력으로부터 인장잔류응력으로 천이하는 영역에서는 ΔK_{eff}에 의해 균열진전거동을 설명할 수가 없다. 제하탄성컴플라이어스법에 의한 균열닫힘거동 측정 결과, 부분균열열림(partial crack opening)이 일어나고 있는 것 같으며, 이것이 ΔK_{eff}에 의해 균열진전을 설명하지 못하는 이유라 하고 있다.

4) 본 연구에서 얻어진 균열닫힘에 관한 이력곡선(hysteresis curve)으로부터 새로이 부분균열열림점 $K_{part.op}$을 정의하고, 이를 사용하면 균열진전거동을 잘 설명할 수 있다.

5) 유효응력비 R'를 사용하여 예측한 K'_{op}는 측정한 $K'_{op} = K_{op}(측정값) + K_r$ 과는 크게 달라, 유효응력비 R' 방법은 위험쪽의 예측이 된다.

이상의 두 연구 결과를 종합해 보면, 균열이 인장잔류응력장이나, 비교적 균일한 압축잔류응력장을 진전하는 경우에는 균열닫힘을 고려한 유효응력강도계수폭 ΔK_{eff}나 유효응력비 R'를 사용하여 용접하지 않은 재료에서 얻어지는 응력열림응력강도계수 K_{op}를 예측하면 균열진전속도를 잘 정리할 수 있다는 것이 된다.

실제로 잔류응력장에서 균열닫힘을 측정하는 경우에는 문제가 없으나 측정하지 않고 해석만으로 잔류응력에 의한 응력강도계수 K_r만을 구하는 경우에는 응력비에 따른 균열닫힘을 알 필요가 있다. 이것도 매우 어려운 일이나 현재까지의 연구결과에 의하면 균열닫힘과 응력비의 관계를 구한 결과도 있으므로 어느 정도 사용할 수 있는 가능성은 있다.

그러나 특히 압축잔류응력장에서 인장잔류응력장으로 천이하는 영역에서는 부분열림현상이 일어나 통상적인 ΔK_{eff}나 유효응력비 R'로는 진전평가가 어렵다는 것이다. Kang 등[12]이 지적한 부분열림현상은 다른 연구자들이 일찍이 겹쳐짐(overlapping)[7] 또는 균열면부분접촉(partial crack surface contact)[21]으로 지적했던 현상으로, 이 경우에도 파괴역학의 겹침법을 사용하면 응력강도계수를 구할 수 있다고 하고 있다[21]. 또 Mukai 등[22]도 압축잔류응력장에서의 균열진전속도는 측정된 K_{op}를 기본으로 한 ΔK_{eff}로는 평가할 수 없다고 하고 있으며, 초기잔류응역장에서 압축에서 인장으로 천이하는 영역에서 일어날 수 있는 부분열림거동을 그 원인으로 하고 있다. 그리고 잔류응력과 부하하중에 의한 겹침모델을 기본으로 하여 부분열림현상을 고려할 수 있는 ΔK_{eff}를 평가하는 간략법을 제안하고, 압축잔류응력장을 균열이 진전할 때의 균열거동에 관해서도 열탄소성 FEM을 사용하여 연구하여 유익한 결과를 제공하고 있으나, 해석결과와 실험결과에 대한 정량적인 비교가 없다[23].

그러나 轟 등의 연구[21]에 의하면 균열면부분접촉 현상이 일어나면 유효응력강도계수폭 ΔK_{eff}가 감소한다고 하고 있다. 그러나 이 결과는 이 경우 균열진전속도가 감소할 가능성이 있으나, Kang 등[12]의 실험에서는 부분열림현상이 일어나면 통상적인 ΔK_{eff}나 유효응력비 R'로는 진전평가가 어려울 정도로 진전속도가 빠르다는 것으로 서로 다른 결론이 된다.

이렇게 부분열림현상이 일어나면 진전거동이 복잡하게 되므로 Choi와 Song[23]

은 8절점 아이소파라미터(8-node isoparametric)요소를 사용하여 평면응력, 탄소성유한요소법을 사용하여 비용접재의 잔류응력이 없는 경우와 용접재의 잔류응력장이 있는 경우의 균열닫힘거동을 해석하고 있다. 그들의 연구 결과는 다음과 같다.

1) 인장잔류응력장에서의 균열은 잔류응력이 없는 시험편과 동일하게 정상적인 방법으로 열리고 닫히며, 진전속도 예측에 필요한 균열열림응력강도계수 K_{op}는 FEM 방법에 의해 예측되는 균열선단균열열림하중으로부터 쉽게 결정할 수가 있다.

2) 압축잔류응력장에서의 균열열림과 닫힘거동은 복잡하며, 부하하중과 잔류응력의 상대적 크기와 압축잔류응력으로부터 인장잔류응력으로 천이하는 영역에서의 응력구배에 영향을 받는 것 같다. 본 연구의 범위에서는 압축잔류응력장에서의 균열열림거동은 크게 3개의 형식, 즉 정상, 비대칭부분열림 그리고 대칭부분열림 거동으로 분류할 수가 있다.

3) Kang 등[12]의 연구에서 압축잔류응력에서 인장잔류응력으로 천이하는 영역에서의 균열진전속도를 설명하기 위해 도입하고 실험적으로 측정된 부분열림 K 값, 즉 $K_{part.op}$은 FEM해석에서 예측한 균열입구닫힘(crack mouth closing) K 값과 잘 일치한다.

4) 부분균열열림 효과를 포함한 개략적인 $K_{part.op}$ 값은 FEM에 의해 쉽게 계산할 수가 있으며, 계산된 $K_{part.op}$ 값은 안전쪽의 수명예측이 되는 균열진전예측에 사용할 수가 있다

5) 다만, 현재의 FEM해석은 실험적으로 관찰된 부분균열열림현상에 대한

비정상적인 하중-감산변위 곡선을 정확하게 나타낼 수는 없다.

이와 같이 잔류응력장에서의 피로균열 문제는 복잡하나, 계속 많은 연구가 이루어지고 있으며, 그중에는 변동하중에 관한 연구도 있다[25-28]. 단일과대하중의 경우 예측이 어렵다는 결과와, 유효응력비 R'나 유효응력강도계수폭 ΔK_{eff}로 잘 정리가 된다는 결과 등이 있다.

15.5 잔류응력장에서의 균열진전 평가 방법

지금까지의 많은 연구자들의 결과와 두 편의 Kang 등[11,12]의 논문, 그리고 Choi와 Song[22]의 논문을 참고로 잔류응력장에서의 피로균열진전을 예측하는 방법에 관하여 생각해 보면 일단 다음과 같은 결론이 얻어진다.

1) 무엇보다도 중요한 것이 잔류응력분포를 명확히 아는 것이다. 따라서 알려져 있는 가장 신뢰할 수 있는 방법으로 잔류응력분포를 결정한다. 그리고 잔류응력 측정의 정확도는 잔류응력이 내부 응력으로 인장잔류응력과 압축잔류응력이 평형을 이루고 있어야 한다는 조건으로부터 결정하면 된다.

2) 인장잔류응력장이나, 비교적 균일한 압축잔류응력장을 진전하는 경우에는 균열닫힘을 고려한 유효응력강도계수폭 ΔK_{eff}나 유효응력비 R'를 사용하여 얻어지는 균열열림응력강도계수 K_{op}를 예측하면 균열진전속도를 잘 정리할 수 있다. 다만 압축잔류응력장에서는 유효응력비 R'가 너무 작아져서

(−부호로 너무 커져서) 용접하지 않은 재료에서 그러한 응력비로 실험하기가 너무 어렵다는 문제가 있다.

3) 압축잔류응력장에서의 균열열림과 닫힘거동은 복잡하며, 부하하중과 잔류응력의 상대적 크기와 압축잔류응력으로부터 인장잔류응력으로 천이하는 영역에서의 응력구배에 영향을 받아, 압축잔류응력장에서의 균열열림거동은 크게 3개의 형식, 즉 정상, 비대칭부분열림 그리고 대칭부분열림 거동으로 분류할 수가 있다. 부분열림현상이 일어나는 경우, 통상적인 ΔK_{eff}나 유효응력비 R'로는 진전평가가 어렵다.

4) 부분열림현상이 일어나는 경우에 약간 비정상적인 하중−감산변위 곡선이 관찰될 때에는 $K_{part.op}$를 정의하여 균열진전속도를 평가할 수 있으나, 이외의 경우에는 FEM 해석을 통하여 균열입구닫힘점으로 예상할 수도 있으나, 현재로서는 부분열림현상이 일어나는 경우에는 균열진전속도를 평가하기가 힘든 것이 보통이다.

15장 참고문헌

1) 영국용접연구소의 S.J. Maddox의 연구가 유명하다. 최초의 연구 S.J. Maddox, "Calculating the Fatigue Strength of a Welded Joint Using the Fracture Mechanics," Metal Construction, Vol. 2, pp. 327-331, 1970 로부터 S.J. Maddox, "An Analysis of Fatigue Cracks in Fillet Welded Joints," International Journal of Fracture, Vol. 11, pp. 221-243, 1975.

2) 이전의 일본의 金屬材料技術研究所, 각 대학의 용접학과의 연구자 다수

3) 2000년 전까지 한국기계연구소, 현대중공업, 대우중공업, 삼성중공업과 같은 중공업회사의 용접관련 연구자와 각 대학의 용접전문 연구자

4) Y. Mutoh, G.H. Fair, B. Noble and R.B. Waterhouse, "The Effect of Residual Stresses Induced by Shot-Peening on Fatigue Crack Propagation in Two High Strength Aluminum Alloys," Fatigue and Fracture of Engineering materials and Structures, Vol. 10, pp. 261-272, 1987.

5) G.H. Farrahi, J.L. Lebrun and D. Couratin, "Effect of Shot Peening on Residual Stress and Fatigue Life of a Spring Steel," Fatigue and Fracture of Engineering Materials and Structures, Vol. 18, pp. 211-220, 1995.

6) G. Glinka, "Effect of Residual Stresses on Fatigue Crack Growth in Steel Weldments under Constant and Variable Amplitude Load," ASTM STP 677, pp. 198-214, 1979.

7) A.P. Parker, "Stress Intensity Factor, Crack Profiles, and Fatigue Crack Growth Rates in Residual Stress Fields," ASTM STP 776, pp. 13-31, 1982.

8) 轟章, 小林英男, "残留応力場の疲労き裂進展速度の予測(重ね合わせの原理の適用)," 日本機械学会論文集, Vol. 54, pp. 30-37, 1988.

9) W. Elber, "The Significance of Fatigue Crack Closure," ASTM STP 486, pp. 230-242, 1971.

10) G.E. Nordmark, L.N. Mueller and R.A. Kelsey, "Effect of Residual Stresses on Fatigue Crack Growth Rates in Weldments of Aluminum Alloy 5456 Plate," ASTM STP 776, pp. 44-62, 1982.

11) K.J. Kang, J.H. Song and Y.Y. Earmme, "Fatigue Crack Growth and Closure through a Tensile Residual Stress Field under Compressive Applied Loading," Fatigue and Fracture of Engineering Materials and Structures Vol. 12, pp. 363-376, 1989.

12) K.J. Kang, J.H. Song and Y.Y. Earmme, "Fatigue Crack Growth and Closure through a Compressive Residual Stress Field," Fatigue and Fracture of Engineering Materials and Structures Vol. 13, pp. 1-13, 1990.

13) H.F. Bueckner, "A Novel Principle for the Computation of Stress Intensity Factor," Zeitschrift Angewante Mathmatical Mechanics, Vol. 50, pp. 529-546, 1970.

14) J.R. Rice, "Some Remarks on Elastic Crack-Tip Stress Fields," International Journal of Solid Structures Vol. 8, pp. 751-758, 1972.

15) H. Tada and P.C. Paris, "The Stress Intensity Factor for a Crack Perpendicular to the Welding Bead," International Journal of Fracture, Vol. 21, pp. 279-284, 1983.

16) H. Tada, P.C. Paris and G.R. Irwin, The Stress Analysis of Cracks handbook, 2nd Edition Del Research Corporation, 1985.

17) ASTM E647, "Standard Test Method for Constant-Load-Amplitude Fatigue Crack Growth Rates above 10^{-8} m/cycle," American Society for Testing and Materials, Section 3, Vol. 03.01, 1984.

18) 대학에서 사용되는 재료역학 교재라면 다 찾을 수 있다.

19) M. Kikukawa, M. Jono and K. Tanaka, "Fatigue Crack Closure Behaviour at Low Stress Intensity Level," Proceeding of ICM-II, Boston, pp. 716-720, 1976.

20) M. Kikukawa, M. Jono, K. Tanaka, Y. Kondo, F. Tabata and Y. Murata, "Use of Mini-Computer for Accurate Automatic Measurement in Fatigue Test," Journal of the Society of Materials Science, Japan, Vol. 29, pp. 1240-1246, 1980(in Japanese).

21) 轟章, 小林英男, 中村治夫, "残留応力場の疲労き裂進展速度の予測 (き裂面部分接触の考慮)," 日本機械学会論文集, Vol. 54, pp. 205-211, 1988.

22) Y. Mukai, A. Nishimura and E.J. Kim, "A Proposal for Stress Intensity Factor Range Calculation Method by Partial Opening Model of Fatigue Crack under Weld and Prediction of the Crack Propagation Behavior," Quarterly Journal of the Japan Welding Society, Vol. 5, pp. 269-272, 1987(일본어).

23) Y. Mukai and A. Nishimura, "Opening and Closure Analysis for Fatigue Crack Propagated from Compressive Residual Stress Field," Quarterly Journal of the Japan Welding Society, Vol. 5, pp. 272-279, 1987(일본어).

24) H.C. Choi and J.H. Song, "Finite Element Analysis of Closure Behaviour of Fatigue Cracks in Residual Stress Field," Fatigue and Fracture of Engineering Materials and Structures, Vol. 18, pp. 105-117, 1995.

25) S.J. Maddox, "An Analysis of Fatigue Cracks in Fillet Welded Joints," International Journal of Fracture, Vol. 11, pp. 221-243, 1975.

26) 松岡三郎, 田中紘一, 神津う文夫, "溶接継手の疲労特性に与える周期的単一過大荷重の影響," 日本機械学会論文集, Vol. 47, pp. 1-9, 1981.

27) T. Dahle, "Long-Life Spectrum Fatigue Tests of Welded Joints," International Journal of Fatigue, Vol. 16, pp. 392-396, 1994.

28) 城野政弘, 菅田淳, "変動荷重下の疲労き裂進展速度と開閉口挙動に及ぼす残留応力の影響," 材料, Vol. 36, pp. 1071-1076, 1987.

16

짧은(작은) 균열의 진전거동

16.1 짧은(작은) 균열의 정의

일반적으로 짧은(작은) 균열이라 하면, 선형파괴역학이 잘 적용되는 길이가 긴(long) 균열보다 진전속도가 빠른 짧은 균열을 말하며, 특히 두께를 관통하는 균열에 대해 짧다는 표현을 사용하고, 부분관통균열과 같이 균열깊이와 균열길이, 두 개의 길이가 있어야 정의되는 이른바 3차원 균열의 경우 작은 균열이라 하는 경우가 많다. 이하에서는 특별한 경우를 제외하고는 짧은 균열이란 용어를 주로 사용하기로 한다.

짧은 균열의 개념은 1975년 발표된 Pearson의 논문[1]이 시작이라고 할 수 있을 것이다. 이 논문에 대한 저자 한 사람의 인상을 잠시 소개하기로 하자. 당시 서독 München 공과대학에 유학하고 있어, 매주 금요일 오후 도서관에 가서 논문을 보고 있었는데, 어느 날 이 논문을 본 것이다. 논문에 게재된 그래프에는 실험점이 하나도 없고 결과를 나타내는 선만 있었다. 실험 자체도 연속적이 아닌, 정지를 많이 되풀이하여 수행하고 있었다. 실험방법 중 균열을 관찰하는 방법이 좀 특이하고 논문 결론도 당시에는 없던 내용으로, 논문을 쓸 때 실험은 이렇게 하는구나 하면서 감탄한 적이 있다. 2개의 알루미늄재료에 대한 논문으로 실험결과의 가장 주요한 부분은 다음과 같은 것이다.

그림16.1-1이 Pearson의 연구결과의 모식도로, 초기에 발생한 작은 표면균열(크기 0.006mm)의 진전속도가 선형파괴역학 파라미터 ΔK로 정리한 경우 0.2mm보다 긴 관통균열보다 빠르다는 것이다. 이 결과는 두 가지 의미에서 큰 가치가 있는 것이다. 하나는 초기에 발생한 표면균열의 진전속도가 선형파괴역학 파라미터 ΔK로 정리한 경우 통상적으로 얻어지는 긴 균열의 결과보다 빠르다는 것으로, 통상적인 긴 균열의 결과를 사용하여 초기 균열의 진전속도를 예측하면 매우 위험하다는 것과 또 하나는 초기의 짧은 균열에 대해 선형파괴역학을 적용하는 것은 적절하지 못할 가능성이 있다는 것이다. 첫 번째의 의미는 공학적으로 매우 중요하며, 두 번째의 의미는 학술적으로 매우 중요한 것이다.

Pearson의 연구 이전에도 균열발생이나 비전파균열(non-propagating crack, 정류균열이라 하는 경우도 있음)과 관련하여 짧은 균열에 대한 연구가 없었던 것은 아니나, Pearson의 연구 이후 짧은 균열에 대한 연구가 세계적으로 광범위하게 그리고 매우 많이 이루어져, 이에 관한 훌륭한 해설 논문[2-10]

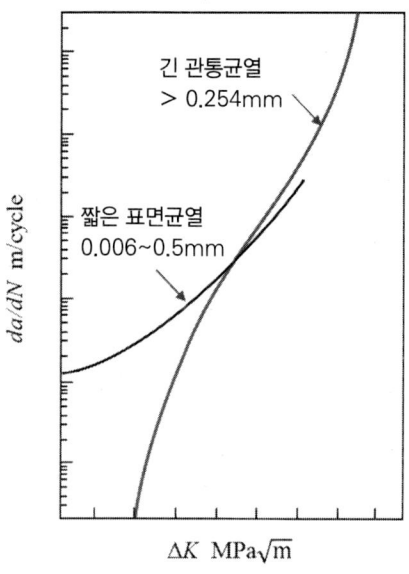

그림16.1-1 Pearson의 짧은 균열의 진전속도

도 많이 발표되고 있으며 각 학회에서 열린 심포지엄 논문집[11,12]도 있다. 이러한 많은 연구결과가 있어 현재 짧은 균열에 대해 많은 것이 알려져 있다고 해도 과언이 아니다. 선형파괴역학 적용이 가능한 최소 균열길이 l_2와 미시조직의 크기 d의 관계로는 $l_2 \geq 10d$를 1982년 Taylor[2]가 보고하고 있으며, 1983년 Suresh와 Ritchie[4]는 짧은 균열에 대한 정의로

 i) 관련된 미시조직에 비해 작은 경우(연속체 역학 한계)

 ii) 그 길이가 국부적 소성 규모에 비해 작은 경우(선형탄성파괴역학 한계)

 iii) 그 길이가 단지 물리적으로 작은 경우(예컨대 <0.5~1mm)

를 들었으며, 1986년 Ritchie와 Lankford[6]는 이들을 각각 미시조직적

(microstructurally), 역학적(mechanically), 물리적(physically) 짧은 균열이라 하고, 이에 덧붙여 부식환경 속에서 진전속도가 긴 균열보다 빠른 짧은 균열로 화학적(chemically) 짧은 균열을 정의하고 있다. 그리고 각각에 대한 해법으로 미시조직적(microstructurally) 짧은 균열에 대해서는 확률적 방법을, 역학적(mechanically) 짧은 균열에 대해서는 ΔJ 또는 $\Delta CTOD$(균열선단열림)을, 물리적(physically) 짧은 균열에 대해서는 ΔK_{eff} 사용을 권하고 있다. 한편 화학적(chemically) 짧은 균열은 10mm 이상이 되는 경우가 많아 특별한 경우를 제외하고는 다루지 않는 경우도 많다. 그리고 그들은 2차원적 짧은 균열을 한 치수를 제외한 모든 치수가 작은 균열이라 하고 있으나, 짧은 균열은 2차원의 관통균열이라 생각하면 된다.

이 외 중요한 연구 결과로는 1979년에 Haddad 등[13]에 의해 제안된 가상균열길이 개념이다. 즉 유효균열길이 ($l+l_0$)에 대해 응력강도계수 K를 다음과 같이 계산하는 방법이다.

$$\Delta K = \Delta S \sqrt{\pi(l + l_0)} \qquad 16.1-1)$$

여기서 l_0는 일종의 가상균열길이로서 매우 짧은 균열에서의 하한계응력 (threshold stress) $\Delta \sigma_{th}$는 평활시험편의 피로한도 $\Delta \sigma_{w0}$에 접근한다고 생각하고 다음과 같이 구한다.

$$\Delta K_{th} = \Delta \sigma_{w0} \sqrt{\pi l_0} \qquad 16.1-2)$$

따라서

$$l_0 = \frac{1}{\pi}\left(\frac{\Delta K_{th}}{\Delta \sigma_{w0}}\right)^2 \qquad 16.1-3)$$

결국 l_0는 피로한도에서의 균열길이가 되며, 유효길이가 $(l+l_0)$인 균열의 하한계응력 $\Delta\sigma_{th}$는 다음과 같이 얻어진다.

$$\Delta \sigma_{th} = \frac{\Delta K_{th}}{\sqrt{\pi(l+l_0)}} \qquad 16.1-4)$$

즉, 식16.1-1)과 같이 l_0를 더하여 짧은 균열의 응력강도계수를 산출하는 방법이다. 이 방법을 사용하여 짧은 균열을 해석한 경우도 없지 않으나, 이 방법의 문제점으로는 평활재의 피로한도는 축하중과 굽힘하중에 따라 다르나, 하한계응력강도계수는 하중형식에 따라 다르지 않다는 것이 일반적이며, 하한계응력강도계수는 응력비에 따라 달라지며, 피로한도도 응력비에 달라지나, 이 두 값의 응력비 의존성이 같지 않으면 응력비에 따라 균열길이, 즉 유효균열길이도 달라지게 되어 l_0의 응력비 의존성이 문제가 되어 재료의 물성치라는 물리적 의미도 명확하지 않게 된다. 이 방법은 짧은 균열의 진전속도가 긴 균열의 하한계 영역에서 긴 균열보다 빨라진다는 실험결과는 잘 나타낼 수도 있으나 약간 문제가 있는 방법으로 생각된다.

또 하나 많이 인용되는 연구 결과로 그림16.1-2와 같은 Kitagawa와 Takahashi[14]의 짧은 균열의 하한계응력폭과 균열길이에 대한 것이 있다. 그림에서 균열길이 a가 a_1보다 작은 경우 즉, $a \leq a_1$일 때, 균열진전하한계 값은 평활재의 피로한도 $\Delta\sigma_{w0}$가 되며, $a \geq a_2$일 때 하한계응력강도계수 '$\Delta K_{th} =$ 일정'을 만족하는 균열길이에 대응하는 응력폭이 하한계응력폭이 된다는 것이며, $a_1 < a \leq a_2$일 때에는 대체로 '$\Delta\sigma_{th}^n \cdot a =$ 일정'이라는 매우 이전의 Frost와 Dugdale[14]의 비전파균열(non-propagating crack)에 대한 식과 비슷한 식을 이용하는 경우가 많다. 특히 하한계응력강도계수 '$\Delta K_{th} =$ 일정' 관계직선과 피로한도 직선이 교차하는 점의 균열길이 a_0은 식16.1-3)으로 나타내어지는 l_0와 같게 된다.

a_0 또는 l_0는 경우에 따라 선형파괴역학이 적용되는 최소균열길이로 생각하는 경우도 있다.

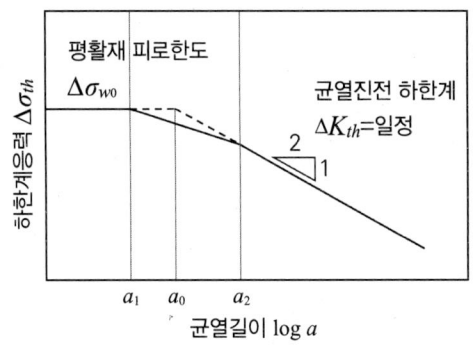

그림16.1-2 하한계응력과 균열길이

이 외에도 많은 유용한 결과가 있어 이에 대해서는 위에서 언급한 3가지 정의에 따라 이루어진 연구결과를 설명하는 과정에서 논하기로 한다.

16.2 미시조직적 짧은 균열

균열은 대체로 입자 내에서 자연 발생하는 경우가 많으며, 이 경우의 균열은 입자보다 작을 가능성이 크며, 처음에 긴 균열보다 빨리 진전한다. 이러한 균열이 미시조직적 짧은 균열이다. 이러한 짧은 균열은 금속학적으로 약한 부분이나, 금속학적 응력집중 부위에서 발생하기 쉬우나, 그 발생위치를 미리 예측하기 힘들며, 재료의 금속조직의 분포에 따라 균열의 발생이나 그 이후의 진전이 결정하게 된다. 균열이 입자 내에서 발생하게 되면 처음에는 발생한 결정면에 따라 진전하기 쉬우며, 어느 정도 진전한 후에 입자 경계에 도달하면 그 주위의 결정입자의 방향에 따라 균열이 멈추거나 아니면 입자 경계를 넘어 다른 입자로 진전을 하게 되며, 이때 가장 진전하기 쉬운 방향으로 방향을 바꾸어 진전할 것이다. 이러한 미시조직적 짧은 균열에 관해서는 일련의 Morris의 연구가 있다. 꼭 읽어야 하는 것은 아니므로 논문 수만을 기재하도록 한다. 1976년에 1편, 1977년에 4편, 1979년, 1980년, 1981년에 각각 1편, 1983년에 2편 등 특히 Al2219-T851에 관해 활발히 연구 결과를 발표하고 있다. 미국 Southwest Research Institute에서도 Lankford 등이 1977년에 1편, 1981년에 2편, 1982년, 1983, 1985년, 1991년에 1편 등 꾸준히 연구 발표를 하고 있다. 또 영국의 University of Sheffield의 K.J. Miller, 일본의 Gifu University의 Tokaji[15] 등도 좋은 연구 결과를 발표하고 있다. 이들 연구 결과를 참조하여 미시조직적 짧은 균열의 진전거동을 살펴보면 대체로 다음과 같이 생각하면 좋을 것이다.

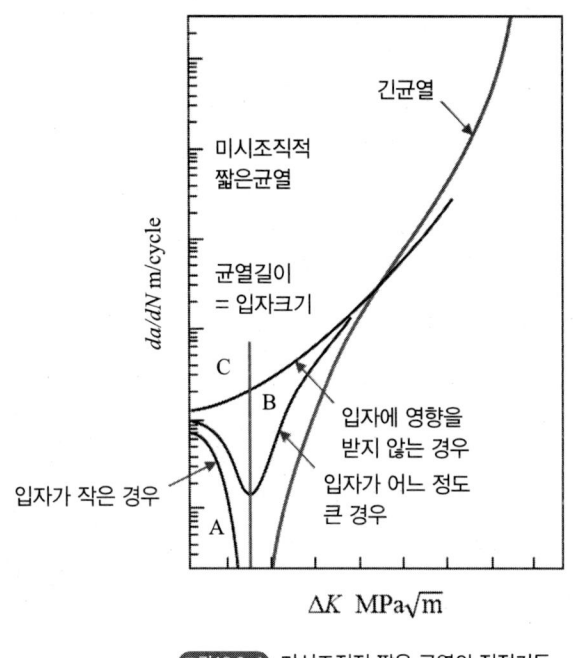

그림16.2-1 미시조직적 짧은 균열의 진전거동

그림16.2-1을 참조하면, 작은 입자에서 자연 발생한 균열은 그림 중의 A 곡선과 같이 발생 직후 비교적 빨리 진전하나, 균열이 길어짐에 따라 균열닫힘응력이 증가하고 입자경계에 접근하게 되어 진전속도가 감소하고 경우에 따라서는 멈추는 상황에 이른다. 입자가 조금 큰 경우에는 최초의 균열진전력이 입자가 작은 경우보다는 커, 그림 중의 B 곡선과 같이 발생 직후 비교적 빨리 진전하나, 균열이 길어짐에 따라 균열닫힘응력이 증가하고 입자경계에 접근하게 되어 진전속도가 감소하나, 균열길이가 입자크기에 도달하는 시점에서 균열진전속도가 최소가 된 이후에 근접 입자로 진전을 계속하여 진전속도

가 증가한 후에 긴 균열의 진전속도와 일치하게 된다. 세 번째의 경우는 그림 중의 C 곡선과 같이 처음부터 균열진전력이 비교적 커, 처음부터 비교적 빠른 속도로 진전하여 균열길이가 길어져 긴 균열의 진전속도와 일치하게 되는 경우이다. 발생한 작은 균열의 균열진전력이 긴 균열에 비해 큰 이유로는 발생한 균열은 거의 열려 있어 균열닫힘이 거의 없는 것도 하나의 이유이다.

  자연 발생한 미시조직적 짧은 균열의 균열닫힘현상에 관해서는 Morris와 Buck[16]의 연구가 있으며, 그들의 연구에 의하면 미시조직적 짧은 균열의 균열닫힘응력은 발생한 최초에 당연히 0이며, 균열이 진전함에 따라 증가한다고 되어 있다. 이것은 균열이 발생하여 균열길이가 증가하면서 잔류소성역도 증가하여 균열닫힘응력도 높아지기 때문이다. 일반적으로 자연 발생하는 균열은 하나가 아닌 다수의 경우가 많아, 각각에 대해 균열진전을 평가할 필요가 있으며, 다수의 균열이 합체하는 현상도 다룰 필요가 있어 현상은 매우 복잡해지게 된다.

  미시조직적 짧은 균열에 대한 연구는 배율 높은 광학현미경이나 전자현미경을 사용하여 미시조직을 관찰해야 하므로 여간 번거롭고 또한 지배 파라미터를 찾는 일도 쉬운 일이 아니나 비교적 많은 연구자에 의해 수행되어 왔고, 또 적지 않은 평가법도 제안되고 있다. 미시조직적 짧은 균열진전 평가에 관해서는 연구 특성상 균열선단의 소성역크기와 균열길이의 상대적 크기 또는 소성역의 크기 등을 함수로 하는 경우[17-20]도 많으나 균열닫힘을 고려한 유효응력강도계수폭 ΔK_{eff}에 의해 평가가 가능하다는 연구[21,22]도 있다. 그러나 현재 미시조직적 짧은 균열진전을 바탕으로 피로수명을 예측할 수 있는 알기 쉽고 편리한 공학적 방법은 없다고 보는 것이 타당할 것이다.

16.3 역학적 짧은 균열

노치 밑에 발생한 짧은 균열은 노치에 의해 발생한 비교적 큰 소성역 속에 존재하게 되므로, 그 균열진전은 노치에 의해 발생한 소성역에 지배되어, 이른바 선형탄성파괴역학파라미터 응력강도계수폭 ΔK로는 평가가 어려워지며, 그 진전속도는 ΔK에 의한 진전속도보다는 빨라져, 전형적인 역학적 짧은 균열이 된다.

이러한 큰 소성변형을 받는 역학적 짧은 균열을 처음으로 다룬 것이 Dowling[23]으로 큰 소성변형을 받고 진전하는 표면균열에 대해 되풀이 J-적분 ΔJ을 평가하여, 이 ΔJ에 의해 작은 표면균열의 진전속도를 잘 평가할 수 있다고 하고 있다. 그러나 0.18mm보다 작은 균열은 같은 ΔJ에 대해 긴 균열보다 빨리 진전하고 있다. McClung과 Sehitoglu[24]는 큰 변형률을 받는 얇은 판 시험편에서 얕은 U-노치로부터 발생하는 역학적 짧은 균열에 대해 연구하여, 역학적 짧은 균열의 진전속도는 되풀이 J-적분과 되풀이 균열선단열림변위 (cyclic crack tip opening displacement, $\Delta CTOD$)에 의해 잘 평가할 수 있다고 보고하고 있으나, 다만 이 경우는 균열열림을 고려하여 유효되풀이 J-적분 ΔJ_{eff}와 유효되풀이 균열선단열림변위 $\Delta \delta_{eff}$를 사용하는 것이 좋다고 하고 있다.

한편, Shin과 Smith[25]는 AISI스테인리스강, BS4360 50B급 구조용강, 상업용 순알루미늄에 대한 연구에서 노치에서 발생하는 역학적 짧은 균열의 진전속도는 AISI스테인리스강을 제외하고 균열닫힘을 고려한 유효응력강도계수폭 ΔK_{eff}에 의해 잘 정리된다고 하고 있다. 0.2% 내력이 약간 낮고 연성이 크고 가공경화능이 큰 AISI스테인리스강의 경우, 짧은 균열 진전과 함께 균열 닫힘이 발생하여 균열열림비 U가 감소하여 최소값이 된 후, 다시 증가하여 균 열길이가 5mm 정도 이상에서 균열이 완전히 열려 $U=1$이 되는, 다른 재료와 는 다른 거동을 보인다. 그리고 응력비 R이 어느 정도 높아지면 역학적 짧은 균열의 특성은 나타나지 않고, 짧은 균열의 진전은 주로 노치에 의한 소성변 형에 의해 이루어져 높은 소성변형률피로손상에 대한 전단분리를 기반으로 한 식에 의해 진전이 이루어지고 있다고 하고 있다. 따라서 노치가 있는 경우의 역학적 짧은 균열의 진전은 재료와 부하 응력의 크기에 지배되어 노치소성과 균열선단소성의 상대적 크기에 따라 달라질 수 있다고 하고 있으며, Tanaka 와 Nakai[26], Ogura 등[27]이 AISI 304 스테인리스강의 역학적 짧은 균열의 진 전속도가 균열닫힘을 고려한 유효응력강도계수폭 ΔK_{eff}에 의해 잘 평가가 되 고 있는 것은 대상으로 하는 진전속도 영역이 10^{-8}m/cycle 이하의 낮은 속 도 영역이기 때문이라고 하고 있다. 그리고 그들은 통상적인 응력강도계수폭 ΔK나 변형률기반강도계수 $\Delta\varepsilon\sqrt{\pi a}$, 전전단파라미터(total shear parameter) 는 모두 노치에서 발생한 역학적 짧은 균열의 진전거동을 설명할 수 없다고 보고하고 있다.

Dowling의 연구[23]에서 보는 바와 같이 되풀이 J-적분 ΔJ만을 사용하는 경 우 매우 짧은 균열의 경우 역학적 짧은 균열이 긴 균열보다 빨라지는 현상은 유효되풀이 J-적분 ΔJ_{eff}를 사용하면 평가가 가능하다는 보고[28]도 있다. 균열 닫힘을 고려한 유효응력강도계수폭 ΔK_{eff}에 의한 균열거동설명이 부분적으로 만 성공적이라는 보고[29]가 있는가 하면 모든 것이 잘 된다는 보고[30,31]도 있으며, 특히 노치시험편과 관련된 역학적 짧은 균열 연구에서 균열닫힘현상의 측정은 거의 필수적이 되고 있다[32-34].

역학적 짧은 균열은 노치에 의한 소성(notch plasticity)에 크게 영향을 받을 것이므로 위에서 지적한 파라미터 외에 소성변형률에 의해 그 진전이 지배될 것이라고 하는 이론도 없지 않다[35,36]. 한편 Jono와 Song[37]은 항복응력이 비교적 낮아 굽힘하중하의 짧은 균열 시험 중에도 응력-감산변위 곡선에 비교적 큰 소성 히스테리시스 곡선을 그리는 S35C 중탄소강의 경우, 통상적인 응력강도계수를 사용하여 균열진전속도를 평가하면 짧은 균열이 긴 균열보다 진전속도가 빠른 일반적인 특성을 나타내나, 컴퓨터 프로그램을 이용하여 응력-감산변위곡선에서 소성성분을 제거하여 균열닫힘을 측정한 유효응력강도계수폭 ΔK_{eff}를 사용하면 이 재료에서도 균열진전속도를 잘 평가할 수 있다고 보고하고 있다. 이 결과는 비교적 큰 소성변형을 일으키는 역학적 짧은 균열의 경우에도 균열닫힘현상을 정확하게 측정하면 그 진전속도는 유효응력강도계수폭 ΔK_{eff}를 사용하여 잘 평가할 수 있다는 것을 의미한다. 또 그들은 큰 소성변형을 일으키는 경우 균열열림응력강도계수 K_{op}는 압축하중이 될 가능성이 높아, 응력비 $R=-1$의 경우 균열열림비 U는 0.5 이상이 된다는 결과[37]도 보고하고 있다. 노치에서 발생하는 짧은 균열이나 큰 소성변형이 일어나는 경우의 짧은 균열에 대해서도 유효응력강도계수폭 ΔK_{eff}를 사용하면 그 진전속도를 잘 설명할 수 있다는 것은 공학적으로 매우 중요하여, 되풀이 J-적분 ΔJ보다는 균열닫힘을 고려한 유효응력강도계수폭 ΔK_{eff}를 사용하는 경우가 더욱 많아지고 있다.

16.4 물리적 짧은 균열

재료의 미시조직의 크기보다는 크고, 노치와는 관련이 없는 1mm 이하의 물리적 짧은 균열의 진전속도는 균열닫힘을 고려한 유효응력강도계수폭 ΔK_{eff}를 사용하여 잘 정리된다는 것이 잘 알려져 있으나 이때 주의해야 할 것이 짧은 균열 작성법과 측정법 등의 시험법이다. 잔류응력 등을 열처리로 제거 가능한 철강재료의 경우는 짧은 균열 작성 시 발생한 이력(history) 등을 열처리로 제거 가능하나, 열처리에 의해 재료의 특성이 크게 달라지는 경우는 열처리로 이력을 제거하는 것은 바람직하지 않다. 특히 균열닫힘에 대한 이력이 존재하면 얻어진 결과가 문제가 되므로 주의할 필요가 있다. 한번 증가한 균열열림응력은 감소하는 경우가 매우 드물므로 K-감소(K-decreasing)방법에 의해 짧은 균열의 하한계를 구하는 방법은 특히 좋지 않다. 따라서 가능한 한 낮은 부하에서 균열을 발생 진전시켜, 실제 실험 초기의 유효응력강도계수폭 ΔK_{eff}가 균열 작성 마지막의 유효응력강도계수폭 ΔK_{eff}보다 높은 상태에서 실험하면 적어도 균열닫힘의 영향이 없는 물리적 짧은 균열의 실험이 가능해질 수가 있다.

이러한 방법 중의 하나가 응력비 $R=10$ 정도의 압축-압축하중하에서 물리적 짧은 균열을 작성한 후 응력비 $R=0.75$ 정도 높은 인장하중에서 물리적 짧은 균열 진전에 대한 연구를 하는 것이다[38]. 균열닫힘에 대한 이력이 없는 좋은 방법이나, 압축하중하에서 균열을 발생 진전시키는 시험을 수행하는 것이 그리 쉽지 않다는 문제가 있다.

다른 방법으로는 단면 형상이 약간 특이한 시험편을 사용하는 방법이다.

균열발생이 한 지점에 한정되고, 발생 후의 균열진전이 거시적으로는 한 평면 위를 상사형(相似形)으로 진전하는, 시험편 단면이 삼각형인 특수한 시험편을 사용한 물리적 짧은 균열의 연구[37]가 있다. 원래 Osaka University의 M. Kikukawa(菊川 眞)교수가 고안한 시험편이다. 이 시험편에서는 균열진전이 상사형(相似形)으로 이루어지므로 균열닫힘에 미치는 응력상태의 영향을 생각하지 않아도 좋은 면이 있으나, 시험편이 특수한 형태를 하고 있어, 응력강도계수 K의 평가가 통상적으로 주어지지 않아, 실험적으로 또는 FEM을 사용하여 자체적으로 구해야 하는 문제가 있으며, 본 시험편의 경우 매우 소형이어서 그 유용범위 및 오차범위가 그다지 명확하지 않다는 문제가 있다.

물리적 짧은 균열의 연구는 관통균열의 경우가 편리하며, 두께를 관통하는 균열선단은 직선이 될 필요가 있으므로, 비교적 긴 피로예비균열을 작성한 후 길이의 대부분을 연삭으로 제거하여 사용하는 방법[39]이 주로 사용된다. 다만 이때 시험편 표면의 길이는 균열선단의 통상적인 엄지손톱(thumb nail) 형태 때문에 시험편 두께 중앙의 길이보다 짧을 가능성이 있으므로 주의해야 한다. 균열길이 제거 방법을 사용하는 경우에도 실험 초기의 유효응력강도계수폭 ΔK_{eff}가 균열 작성 마지막의 유효응력강도계수폭 ΔK_{eff}보다 높은 상태로 시험할 필요가 있다.

물리적 짧은 균열의 경우에도 균열닫힘현상은 시험편 두께 중앙의 평면변형률상태의 것을 측정하는 것이 좋으므로, 방 등[40]은 짧은 관통균열의 균열선단을 직선이 되도록 하고 가능한 한 균열 작성 마지막의 유효응력강도계수폭 ΔK_{eff}를 낮게 하는 방법으로, 응력비 $R=-1$에서 비교적 긴 피로예비 균열을 쉐브론노치로부터 발생 진전하도록 한 후 예비 피로균열의 대부분을 방전가공 및 연마로 제거하고 있다. 또한 평면변형률 상태의 균열닫힘현상을 측정하는 방법으로 반원형 측면홈을 가공하고 있다. Pang과 Song[41]은 이러한 방법으로 작성한 0.16~0.57mm의 물리적 짧은 균열에 대해 넓은 범위의 응력비, 즉 $R=-1, -0.5, 0.0, 0.1, 0.3, 0.5$를 사용하여 시험을 수행하고 있다. 물론 그 때 물리적 짧은 균열 실험 초기의 유효응력강도계수폭 ΔK_{eff}가 균열 작성 마지막의 유효응력강도계수폭 ΔK_{eff}보다 높은 상태가 되도록 하고 있다. 통상적인 긴 균열에 대해서도 같은 응력비에 대해서 시험을 하고 있다. 그들의 결과에 의하면 응력비 $R=0.5$ 정도로 높아지면 짧은 균열과 긴 균열의 진전속도의 차이가 없어져, 특유의 짧은 균열의 특성이 없어진다고 하고 있다. 또한 균열닫힘을 고려한 유효응력강도계수폭 ΔK_{eff}를 사용하면, 물리적 짧은 균열과 통상적인 긴 균열 모두 진전속도를 잘 평가할 수 있다고 하고 있다. 이 외에도 여러 유용한 결과를 얻고 있어 그 내용에 대해서는 다음 장에서 비교적 상세하게 설명하기로 한다.

 이상과 같이 여러 균열작성법이 제안되고 사용되고 있으며, 또한 균열길이 및 균열닫힘에 관해서도 여러 측정법이 사용되고 있다. 각 측정법의 장점도 있으나 제한성도 있으므로 각 측정법의 본질을 잘 이해하여 사용할 필요가 있다.

16.5 짧은 균열진전 평가법

이상에서 설명한 바와 같이 짧은 균열진전 평가법에 관하여 현재 통일된 방법이 있는 것은 아니다. 본질적으로 재료의 피로수명은 균열발생과 균열진전으로 나누어 다루는 것이 합리적이나, 현재까지도 균열발생에 관하여 명확한 정의가 확립되어 있지 않다. 그동안의 미시조직적 짧은 균열에 관한 많은 연구에서는 균열발생 기간은 재료에 따라 많이 다른 것이 일반적이며, 노치가 있는 경우에는 균열발생 기간이 비교적 짧은 경우가 많다는 것이 일반적 결론이다.

한편 균열진전에 관해서는 길이가 긴 균열은 물론 특히 물리적 짧은 균열의 경우에도 균열닫힘을 고려한 유효응력강도계수폭 ΔK_{eff}를 사용하는 것이 합리적인 것 같으며, 역학적 짧은 균열의 경우에도 균열닫힘을 정확하게 측정하면 유효응력강도계수폭 ΔK_{eff}에 의해 그 진전속도를 잘 평가할 수 있을 가능성이 있으며, 미시조직적 짧은 균열의 경우에도 부분적으로 유효응력강도계수폭 ΔK_{eff}가 유효하다는 보고가 있다. 공학자의 입장에서 보면, Newman 등[42]이 지적하는 바와 같이, 모든 균열에 대해, 균열길이에 관계없이, 하나의 해석방법을 적용하는 것이 바람직할 것이므로, 이러한 입장에서 Pang과 Song[41]은 물리적 짧은 균열과 긴 균열에 대한 균열닫힘 측정결과를 이용하여 피로수명을 예측하는 방법을 다음과 같이 검토하고 있다.

짧은 균열 해석에서 중요한 것이 짧은 균열진전 각 시점에서의 균열열림비 U로서, 이를 알면 짧은 균열의 진전을 예측할 수 있으므로, 짧은 균열과 긴 균열에 대해 그림16.5-1과 같은 $U-\Delta K_{eff}$ 선도를 생각하고 있다. 짧은 균열의

16. 짧은(작은) 균열의 진전거동

균열길이가 거의 0이 되는, 즉 $\Delta K_{eff}=0$이 되는 점에서는 균열닫힘은 거의 일어나지 않을 것이므로

$$K_{op} = \begin{cases} K_{min} & R \geq 0 \text{ 일 때} \\ 0 & R < 0 \text{ 일 때} \end{cases}$$

이 값을 사용하면 $\Delta K_{eff} = 0$일 때의 균열열림비 U_0는 다음과 같이 얻어진다.

$$U_0 = \begin{cases} \dfrac{K_{max} - K_{min}}{K_{max} - K_{min}} = 1 & R \geq 0 \text{ 일 때} \\ \dfrac{K_{max}}{K_{max} - K_{min}} = \dfrac{1}{1-R} & R < 0 \text{ 일 때} \end{cases}$$

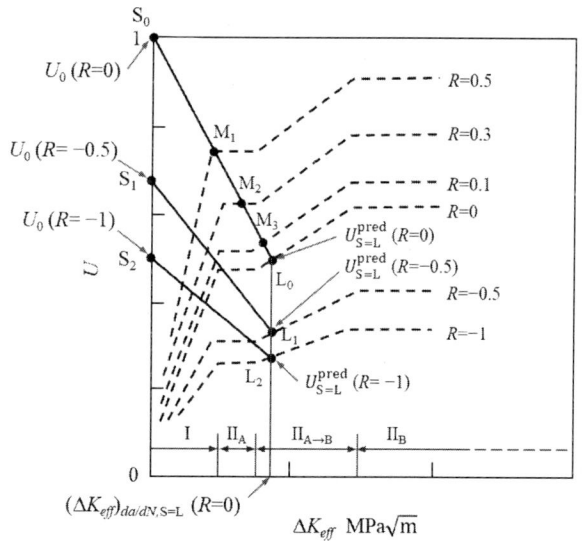

그림16.5-1 짧은 균열의 변화거동

한편 짧은 균열과 긴 균열의 균열열림비 U의 거동을 보면 긴 균열의 경우 U는 2024-T351 알루미늄재료의 경우 R에 따라 그림의 파선과 같이 변하며, 짧은 균열의 결과는 $\Delta K_{eff}=0$의 U_0에서부터 ΔK_{eff}에 대해 선형적으로 감소하는 형태가 된다(그림 중의 실선). 긴 균열의 파선과 짧은 균열의 실선이 교차하는 점의 긴 균열과 짧은 균열의 열림비가 일치하는 $U_{S=L}$점이 되며, 이때 긴 균열과 짧은 균열의 진전속도가 일치하게 된다$(da/dN)_{S=L}$. 실험 결과, 응력비가 음일 경우($R \leq 0$), 긴 균열과 짧은 균열의 열림비가 일치하는 $U_{S=L}$ 점의 $(\Delta K_{eff})_{U,S=L}$가 거의 일정값[$(\Delta K_{eff})_{U,S=L} = 4.3 MPa \cdot m^{1/2}$, $(da/dN)_{S=L} = 4.7 \times 10^{-8}$m/cycle]을 나타낸다. 만약 이 일정값 (ΔK_{eff})을 알면, 긴 균열에 대한 $U-\Delta K_{eff}$ 선도에서 $U_{S=L}$ 점을 그림의 점 L_1와 같이 예측할 수가 있다. $R \geq 0$일 때의 짧은 균열에 대한 $U-\Delta K_{eff}$ 관계는 그림의 직선 S_0L_0와 같이 주어진다. 즉 $R = 0.5$에 대해서는 S_0M_1, $R = 0.3$에 대해서는 S_0M_2, $R = 0.1$에 대해서는 S_0M_3가 된다. 긴 균열과 짧은 균열의 열림비가 일치하는 $U_{S=L}$ 점의 $(\Delta K_{eff})_{U,S=L}$가 매우 중요하며, $(\Delta K_{eff})_{U,S=L}$점에서 긴 균열과 짧은 균열의 진전속도가 일치한다는 것을 이용하면 하나의 응력비, 예컨대 $R=0$에서 그림16.5-2와 같이 짧은 균열의 시험을 수행하여 균열진전속도가 일치하는 $(\Delta K_{eff})_{da/dN,S=L}$를 구하면 된다.

짧은 균열의 진전속도를 구하기 위해서는 짧은 균열의 열림비 U를 알면 되므로 다음 식을 이용하여 구하면 된다.

$$U = U_0(R) + g(R)\Delta K_{eff} \qquad 16.5-1)$$

여기서 $g(R)$은 짧은 균열의 응력비 R에 대한 $U-\Delta K_{eff}$ 관계곡선의 경사가 되며, 다음과 같이 정의된다.

$$g(R) = \frac{U_{S=L}(R) - U_0(R)}{(\Delta K_{eff})_{da/dN, S=L}} \qquad 16.5-2)$$

한편 $\Delta K_{eff} = U\Delta K$ 이므로

$$U = \frac{U_0(R)}{1 - g(R)\Delta K} \qquad 16.5-3)$$

과 같이 ΔK의 함수로도 나타낼 수 있다.

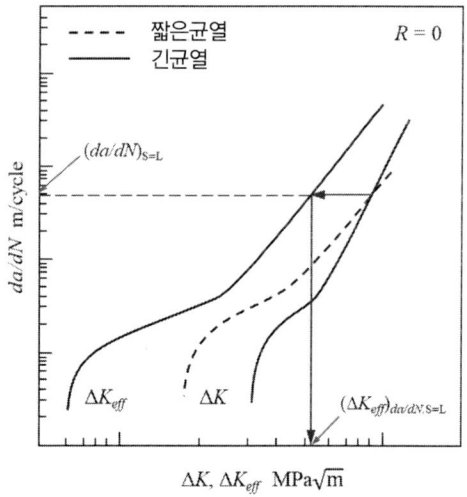

그림16.5-2 $(\Delta K_{eff})_{U,S=L}$ 구하는 방법

식16.5-3)을 이용하여 ΔK에 대한 U를 구하면 ΔK_{eff}가 얻어지고 따라서 짧은 균열의 진전속도 da/dN을 구할 수가 있다.

짧은 균열의 열림비 U를 구하는 방법으로 Nakai와 Ohji[33]는 다음 식을 제안하고 있다.

$$U = U_\infty \left(\frac{a + a_0' / U_\infty^2}{a + a_0'} \right)^{1/2} \qquad 16.5-4)$$

여기서 $a_0' = (\Delta K_{eff})_{th}^2 / \pi_0 \Delta \sigma_w^2$ 이며, 이 식은 식16.1-3)의 l_0에 대한 식과 같다. U_∞는 긴 균열에 대한 균열열림비이다.

한편 McEvily 등[43]은 다음 식을 제안하고 있다.

$$K_{op} = (1 - e^{-ka}) K_{op.\max} \qquad 16.5-5)$$

여기서 k는 짧은 균열의 닫힘 데이터로부터 얻어지는 재료정수로, 알루미늄재료에 대해서 10mm^{-1}이며, $K_{op.max}$는 긴 균열의 균열열림응력강도계수로 응력비 R에 따라 일정한 값을 갖는 값으로 하고 있다. 식16.5-5)로부터 다음 식이 얻어진다.

$$U = U_{min}(1 - e^{-ka}) + \frac{e^{-ka}}{1 - R} \qquad 16.5-6)$$

이 두 식 모두 문제가 있으나, 식 중의 재료정수를 문헌으로부터 얻어 검토한 결과는 실제 시험결과를 잘 나타내지 못한다[41]. 상세한 내용은 문헌[41]을 참조해 보면 좋을 것이다.

짧은 균열의 진전속도를 추정하고 이로부터 피로수명을 예측하는 방법으로는 위에서 설명한 Pang과 Song[41]이 제안한 방법을 사용하면 좋을 것이나, 그 방법에서 사용되는 값들은 U_0를 제외하고는 모두 실험적으로 구하지 않으면 안되는 문제가 있어 반드시 사용하기 쉽다고는 할 수가 없다. 짧은 균열의 균열닫힘을 예상하여 피로수명을 예측하는 방법은 물리적 짧은 균열에 대해서는 거의 문제가 없고, 미시조직적 짧은 균열의 경우에도 균열정지, 균열합체가 일어날 가능성이 높으나 이들 현상은 피로수명이 길어지는 효과가 있어, 균열닫힘을 예상하여 피로수명을 예측해도 위험쪽 예상이 될 가능성은 적다. 다만 노치가 있는 역학적 짧은 균열의 경우에는 이미 언급한 바와 같이, 재료 또는 부하하중의 크기에 따라 균열닫힘을 지배하는 균열선단소성보다는 노치소성에 의해 균열진전이 지배될 가능성도 있으므로 주의할 필요가 있다.

변동하중하의 짧은 균열진전에 대한 연구는 블록하중을 이용하는 경우와 실제 또는 임의의 랜덤하중을 이용하는 경우 두 가지가 있으며, 블록하중 연구는 미시조직적 짧은 균열의 미시조직적 방해물의 영향을 검토하기 위해 또는 짧은 균열의 균열닫힘거동을 검토하기 위해 수행되는 경우가 많았다. 노치에 있는 역학적 짧은 균열에 대한 초기의 McClung과 Sehitoglu[24]의 블록하중연구에서 높은 변형률진폭에서는 블록하중이력 중의 균열닫힘거동이 균열진전 가속에 상당히 영향을 미치는 원인이 되고 있다고 하고 있으며, 균열이 미시조직적 방해물에 도달했을 때 과대하중이 작용하면 손상이 가장 심각하다는 보고[44]도 있다. 과대하중은 차축용 강의 경우, 긴 균열보다 물리적 짧은 균열의 경우에 진전지연 효과가 크다는 결과[45]가 있으며, 6261 알루미늄의 경우 표면균열의 표면의 길이가 80μm 이하인 경우 지연효과가 심각해진다는 보고[46]도 있다. 구조용강과 티탄합금에 대한 연구에서는 하중변동의 영향은 균열길이에 의존하여, 0.1mm 이하이면 가속이, 0.2mm 이상이면 일반 긴 균열의 경우와 같이 지연이 일어난다고 하고 있으며, HT80의 경우에는 균열닫힘을 고려한 유효응력강도계수폭 ΔK_{eff}를 사용하면 정리가 잘 되나, 티탄합금의 경우는 어렵다는 Jono와 Sugeta[47]의 결과가 있다. 피로손상과 관련하여 High-Low, Low-High의 2단변동시험을 한 경우도 있으나, 전체적으로 그다지 중요한 결과는 얻어지고 있지 않다.

G-A-G(Ground-Air-Ground)와 같은 실제 하중에 가까운 하중조건에서의 짧은 균열에 관한 연구로는 Bouksim과 Bathia[48]의 7175-T7351에 관한 연구가 있으며, 특히 균열발생에 주목하고 있다. 짧은 균열은 자연 발생한 균열을 대상으로 발생기준으로는 균열길이가 200μm의 반타원균열로 하고 있다. 이 재료에서 미시적 균열이 최대길이가 10~30μm의 Mg_2Si 개제물에서 발생하고 있다는 것을 참고하면 개재물의 약 10배 정도를 균열발생으로 생각하는 것이다. 주요 결론으로는 단독으로는 손상에 큰 기여가 없는 작은 하중 사이클이 하중 블록 중의 큰 사이클과 합쳐지면 손상에 크게 기여하게 된다는 것이다.

Vormwald와 Seeger[49]는 이른바 역학적 짧은 균열에 대해 균열닫힘현상을 측정하며 연구를 수행하여, 유효되풀이 J-적분에 의해 실험결과를 잘 설명할 수 있다고 하고 있다. 균열발생 균열길이로 FeE 460에 대해 15μm, 알루미늄

Al 5086에 대해 31μm을 잡고 있다. 이 외 균열닫힘에 관한 주요 결론으로는 균열닫힘과 균열열림이 같은 변형률에서 일어나고, 변동하중의 큰 하중사이클이 균열열림 변형률과 응력을 동시에 감소시킨다는 것으로, 변동하중의 큰 하중사이클이 균열진전가속을 일으킬 가능성을 시사하고 있다.

2014-T6511알루미늄 재료의 노치에서 발생한 역학적 짧은 균열에 대해 수정된 FALSTAFF와 TWIST 하중을 사용하여 연구한 결과[50]가 있으나, 인공적으로 발생한 피로균열이 자연 발생한 균열보다 진전속도가 느리다는 결론 외에 더 중요한 결론은 없다. 이 결론은 인공적으로 균열을 작성하여 짧은 균열을 연구하면, 경우에 따라 위험쪽 결과를 얻을 수 있다는 것을 의미하여 공학적으로 매우 중요할 수도 있다. 다만 균열 실험 초기의 유효응력강도계수폭 ΔK_{eff}가 균열 작성 마지막의 유효응력강도계수폭 ΔK_{eff}보다 높았었는지는 확인할 필요가 있다.

500MPa 강과 용접재료의 랜덤하중에서 가장 중요한 파라미터는 단위면적당 미시적 균열(microcrack)의 총길이라는 결과[51]가 있는가 하면, 랜덤하중하의 균열진전 가속현상을 검토하기 위해 주기적으로 압축피크하중을 부하한 편진형태의 랜덤하중(pulsating random loading)에 대한 Jono의 연구[52]에서는 하중변동의 효과는 균열길이에 따라 달라, 0.1mm 이하이면 가속이, 0.2mm 이상이면 일반 긴 균열의 경우와 같이 지연이 일어난다는 이전의 Jono와 Sugeta[47]의 결과와 같은 결론을 얻고 있어, 균열발생으로 균열길이 0.2mm를 생각할 수 있다는 것이 된다. 이 외의 중요한 결과로는 질화실리콘의 경우에도 금속재료와 마찬가지로 균열닫힘현상이 관찰되며, 과대하중이나 높은 하중 부

하는 균열닫힘응력을 감소시켜 균열진전가속의 원인이 되나, 질화실리콘의 경우 진전거동이 복잡하여 균열닫힘현상만으로는 설명하기가 어렵다고 하고 있다.

미국의 NASA와 중국의 항공우주국(CAE)이 1980년대의 공동연구로 시작한 두 종류의 고강도 알루미늄합금 7075-T6의 모재와 LC9cs 클래드재에 대한 Mini-Twist 랜덤하중 연구[42]에서는 대체로 균열닫힘에 의해 잘 정리된다는 결론이다.

Lee와 Song[53]은 랜덤하중하의 짧은 균열의 진전거동을 2024-T351 알루미늄재료를 사용하여 체계적으로 연구하고 있다. Pang과 Song[41]의 연구에서 사용한 시험편을 사용하여 광대역 및 협대역 랜덤하중에 대해 물리적 짧은 균열의 진전거동을 검토한 연구결과는 다음과 같다.

랜덤하중하의 짧은 균열의 균열열림점은 랜덤하중의 종류나 랜덤블록길이에 관계없이 1000사이클 정도의 랜덤블록하중이 부하되는 동안에는 거의 일정한 값이 된다는 것으로 이 거동은 통상적인 긴 균열과 같다. 랜덤하중하의 가장 큰 하중사이클에 대한 짧은 균열의 균열열림점은 일정진폭하중하의 균열열림점보다 낮아 랜덤하중의 가장 큰 하중사이클은 짧은 균열의 균열열림을 증대하는 효과를 갖고 있다. 이 거동은 긴 균열의 경우 랜덤하중하의 균열열림점이 일정하중의 경우와 같거나 또는 약간 높아지는 거동과 정반대가 되고 있다. 균열열림거동을 기본으로 짧은 균열 영역을 정의하면 랜덤인 경우가 일정진폭하중에 비해 더 넓다는 것이 된다. 즉 짧은 균열의 특성이 더 오랫동안 지속된다는 것이 된다. 일정진폭하중의 경우, 긴 균열열림거동을 이용하여 짧은 균열의 열림거동을 추정할 수 있었으나, 랜덤하중하의 짧은 균열의 열림거동은 일정진폭하중하의 열림거동보다 복잡하여 추정하기가 현재로서는 어렵다. 다만, 짧은 균열의 범위가 넓어졌다고 생각하여 일정진폭하중에 대해 제안한 방법을 시도해 보는 것도 하나의 방법이 될 수는 있을 것이다. 그러나 이와 관계없이 랜덤하중하의 물리적 짧은 균열의 진전속도는 측정된 균열열림하중을 이용하여 잘 정리가 되어, 랜덤하중하에서도 균열닫힘이 짧은 균열의 진전을 지배하는 주된 인자라는 것을 알 수가 있다.

이들 내용과 현재까지의 여러 연구들을 정리해 보면, 랜덤하중하의 짧은 균열의 진전은 실제 균열닫힘을 측정하면 어느 정도 정리가 가능하나, 랜덤하중하의 짧은 균열의 열림거동을 추정하는 간단한 방법이 없어 현재로서는 실제 실험에 의해 균열열림거동을 측정하는 방법이 가장 좋은 방법일 수가 있다. 다만, 균열열림이 짧은 균열의 진전 속도를 지배하는 좋은 파라미터라 해도, Newman[54]이 제안한 균열닫힘 FEM 모델은 랜덤하중 각 사이클마다 균열열림점이 변하는 특성이 있는 반면, 실제 실험결과는 적당한 길이의 랜덤하중 블록 동안은 균열열림점이 거의 일정하다는 것과 일치하지 않는 점이 있어, 저자들은 권하지 않는다.

짧은 균열의 진전거동에 대해 알아두어 좋은 점으로는 일정진폭하중하에서 짧은 균열의 진전속도는 낮은 균열진전영역에서 같은 유효응력강도계수폭 ΔK_{eff}에 대해 긴 균열진전속도보다 낮은 경우가 있으며, 유효응력강도계수폭 ΔK_{eff}에 대한 하한계 $(\Delta K_{eff})_{th}$도 긴 균열의 경우보다 큰 경우도 있을 수 있다는 것이다[41].

짧은 균열의 진전과 관련하여 알아두면 좋은 사항으로 Murakami와 Endo[55]

가 제안하고 있는 균열면적을 이용한 해석 방법이 있다. 이 방법은 동전형태의 균열(penny-shaped crack)에 대해 형상비 $a/b \leq 5$일 때 무차원 응력강도계수 K_{1max}는

$$K_{1max} \propto \left(\sqrt{area}\right)^{1/2} \qquad 16.5\text{-}6)$$

와 같이 나타내는 방법으로 $\sqrt{area}$가 균열뿐만이 아니라 결함에 대해서도 좋은 파라미터가 된다는 것이다. 여기서 a와 b는 각각 결함의 장, 단축 길이의 1/2이다. $a/b > 5$에서는 식16.5-6)은 성립하지 않고 K_1은 포화한다. 그리고 3차원 표면균열에 대해 다음과 같다는 것이다.

$$K_{1max} \cong 0.629\sqrt{\pi\sqrt{area}} \qquad 16.5\text{-}7)$$

$\sqrt{area}$는 길이의 차원을 갖고 있으며, 균열면적과 컴플라이언스는 잘 비례하는 경향이 있어 파라미터로 이용이 가능할 것이다. 용접결함과 같은 경우 등가결함길이를 구해 사용하는 경우도 있으므로 이용해 보는 방법도 있을 것이다.

16장 참고문헌

1) S. Pearson, "Initiation of Fatigue Cracks in Commercial Aluminum Alloys and Subsequent Propagation of Very Short Cracks," Engineering Fracture Mechanics, Vol. 7, pp. 235-247, 1975.

2) D. Taylor, "Euromech Colloquium on Short Fatigue Cracks," Fatigue of Engineering Materials and Structures, Vol. 5, pp. 305-309, 1982.

3) B.N. Leis, M.F. Kanninen, A.T. Hopper, J. Ahmad and D. Broek, A Critical Review of the Short Crack Problem in Fatigue, AFWAL-TR-83-4019, Material Laboratory, Air Force Wright Aeronautical Laboratories, Air Force Systems Command, Wright-Patterson AFB, Ohio 45433, January 1983.

4) S. Suresh and R.O. Ritchie, The Propagation of Short Fatigue Cracks, Report No. UCB/RP/83/1014, Department of Materials Science and Mineral Engineering, University of California, Berkeley, June 1983.

5) S. Suresh and R.O. Ritchie, "Propagation of Short Fatigue Cracks," International Metals Reviews, Vol. 29, pp. 445-476, 1984.

6) R.O. Ritchie and J. Lankford, "Overview of the Small Crack Problems," Small Fatigue Cracks Edited by R.O. Ritchie and J. Lankford, pp. 1-5, Metallurgical Society, AIME, Warrendale, Pennsylvania, 1986.

7) K.J. Miller, "The Behaviour of Short Fatigue Cracks and Their Initiation Part I-A Review of Two Recent Books," Fatigue and Fracture of Engineering Materials and Structures, Vol. 10, pp. 75-91, 1987.

8) K.J. Miller, "The Behaviour of Short Fatigue Cracks and Their Initiation Part II-A General Summary," Fatigue of Engineering Materials and Structures, Vol. 10, pp. 93-113, 1987.

9) 田中啓介, "微小疲労き裂伝ぱの力学的アプローチ," 日本機械学会論文集, Vol. 54, pp. 1-7, 1988.

10) N.S. Iyyer and N.E. Dowling, Fatigue Growth and Closure of Short Cracks, June 1989, AD-A210 824, Flight Dynamics Laboratory, Air Force Wright Aeronautical Laboratories, Air Force Systems Command, Wright-Patterson AFB, Ohio 45433-6533.

11) K.J. Miller and E.R. de los Rios, The Behaviour of Short Fatigue Cracks, 1986, Mechanical Engineering Publications Limited London.
12) K. j. Miller and E.R. de los Rios, Short Fatigue Cracks, 1992, Mechanical Engineering Publications Limited London.
13) M.H. El Haddad, K.N. Smith and T.H. Topper, "Fatigue Crack Propagation of Short Cracks," Journal of Engineering Materials and Technology, Transaction of ASME, Vol. 101, pp. 42-46, 1979.
14) N.E. Frost and D.S. Dugdale, "The Propagation of Fatigue Cracks in Sheet Specimen," Journal of the Mechanics and Physics of Solids, Vol. 6, pp. 92-110, 1958.
15) K. Tokaji and T. Ogawa, "The Growth Behaviour of Microstructurally Small Fatigue Crack in Metals," Short Fatigue Cracks, 1992, Mechanical Engineering Publications Limited London, pp. 85-99.
16) W.L. Morris and O. Buck, "Crack Closure Load Measurements for Microcracks Developed in Fatigue of AL 2219-T851," Metallurgical Transactions A, Vol. 8A, pp. 597-601, 1977.
17) J. Lankford, "The Growth of Small Fatigue Cracks in 7075-T6 Aluminum," Fatigue of Engineering Materials and Structures, Vol. 5, pp. 233-248, 1982.
18) A. Navarroa and E.R. de los Rios, "A Model for Short Fatigue Crack Propagation with An Interpretation of the Short-Long Crack Transition," Fatigue and Fracture of Engineering Materials and Structures, Vol. 10, pp. 169-186, 1987.
19) H. Nisitani, M. Goto and N. Kawagoshi, "A Small Crack Growth Law and its Related Phenomena," Engineering Fracture Mechanics, Vol. 41, pp. 499-513, 1992.
20) C.H. Wang and K. J. Miller, "Short Fatigue Crack Growth under Mean Stress, Uniaxial Loading," Fatigue and Fracture of Engineering Materials and Structures, Vol. 16, pp. 181-198, 1993.
21) W.L. Morris, M.R. James and O. Buck, "Growth Rate Models for Short Surface Cracks in Al 2219-T851," Metallurgical Transactions A, Vol. 12A, pp. 57-64, 1981.

22) D.L. Davidson, J.B. Campbell and R.A. Page, "The initiation and growth of Fatigue Cracks in a Titanium Aluminide Alloy," Metallurgical Transactions A, Vol. 22A, pp. 377-391, 1991.

23) N.E. Dowling, "Crack Growth during Low-Cycle Fatigue of Smooth Axial Specimens," ASTM STP 637, pp. 97-121, 1977.

24) M.C. McClung and H. Sehitoglu, "Closure Behavior of Small Cracks under High Strain Fatigue Histories," ASTM STP 982, pp. 279-299, 1988.

25) C.S. Shin and R.A. Smith, "Fatigue Crack Growth at Stress Concentrations-the Role of Notch Plasticity and Crack Closure," Engineering Fracture Mechanics, Vol.29, pp. 301-315, 1988.

26) K. Tanaka and Y. Nakai, "Propagation and Non-Propagation of Short Fatigue Cracks at a Sharp Notch," Fatigue of Engineering Materials and Structures, Vol. 6, pp. 315-327, 1983.

27) K. Ogura, Y. Miyoshi and I. Nishikawa, "Fatigue Crack Growth and Closure of Small Cracks at the Notch Root," Current Research on Fatigue Cracks, Material Research Series Vol.1, pp. 57-78, The Society of Materials Science, Japan, 1985.

28) J.C. Wang and Y.Z. Lu, "Cyclic Analysis of Propagating Short Cracks at Notches and Short-Crack Growth Behaviour," Engineering Fracture Mechanics, Vol. 34, pp. 831-840, 1989.

29) J.J. lee and W.N. Sharpe, Jr., "Short Fatigue Crack in Notched Aluminum Specimens," Small Fatigue Cracks Edited by R.O. Ritchie and J. Lankford, pp. 323-342, Metallurgical Society, AIME, Warrendale, Pennsylvania, 1986.

30) 秋庭義明, 田中啓介, "低炭素鋼切欠材における微小疲労き裂の伝ぱに及ぼす切欠半径の影響," 日本機械学会論文集(A編), Vol. 53, pp. 196-204, 1987.

31) 大路清嗣, 中井善一, 落 敏行, 小川秀樹, "3％シリコン鉄切欠材における短い疲労き裂の伝ぱおよび開閉口," 日本機械学会論文集(A編), Vol. 54, pp. 196-204, 1988.

32) P. Lalor, H. Sehitoglu and R.C. McClung, "Mechanics Aspects pf Small Crack Growth from Notches-the Role of Crack Closure," The Behaviour of Short Fatigue Cracks, EGF Pub.1 1986, Mechanical Engineering Publications, London, pp. 369-386.

33) 中井善一, 大路清嗣, "短い疲労き裂の伝ば速度評価法," 日本機械学会論文集(A編), Vol. 53, pp. 387-392, 1987.

34) C.Y. Hou and F. V. Lawrence, "A Crack Closure Model for the Fatigue Behavior of Notched Components," ASTM STP 1292, pp. 116-135, 1996.

35) K.J. Miller, "The Short Crack Problem," Fatigue of Engineering Materials and Structures, Vol. 5, pp. 223-232, 1982.

36) S. Sakurai, Y. Fukuda, N. Isobe and R. Kaneko, "Micro-Crack Growth and Life Prediction of a 1CrMoV Steel under Axial-Torsional Low Cycle Fatigue at 550℃," Fatigue and Fracture of Engineering Materials and Structures, Vol. 17, pp. 1271-1279, 1994.

37) M. Jono and J. Song, "Growth and Closure of Short Fatigue Cracks," Current Research on Fatigue Cracks, Material Research Series Vol.1, pp. 35-55, The Society of Materials Science, Japan, 1985.

38) T. Christman and S. Suresh, "Crack Initiation under Far-Field Cyclic Compression and the Study of Short Fatigue Cracks," Engineering Fracture Mechanics, Vol. 23, pp. 953-964, 1986.

39) B. Wiltshire and J. Knott, "The Toughness of High Strength Marageing Steel Containing Short Crack," International Journal of Fracture, Vol. 16, pp. R19-R26, 1980.

40) 방종명, 송지호, 전제춘, 주영식, "측면홈 시험편을 이용한 짧은 관통 균열 작성방법," 대한기계학회논문집, Vol. 19, pp. 3159-3169, 1995.

41) C. Pang and J. Song, "Crack Growth and Closure Behavior of Short Fatigue Cracks," Engineering Fracture Mechanics, Vol. 47, pp. 327-343, 1994.

42) J.C. Newman, X.R. Wu, M.H. Swain, W. Zhao, E.P. Phillips and C.F. Ding, "Small-Crack Growth and Fatigue Life Predictions for High-Strength Aluminum Alloys. Part II: Crack Closure and Fatigue Analyses," Fatigue and Fracture of Engineering Materials and Structures, Vol. 23, pp. 59-72, 2000.

43) A.J. McEvily, D. Eifler and E. Macherauch, "An Analysis of the Growth of Short Fatigue Cracks," Engineering Fracture Mechanics, Vol. 40, pp. 571-584, 1991.

44) C.S. Grimshaw, K.J. Miller and J.M. Rees, "Short Fatigue Crack Growth under Variable Amplitude Loading: a Theoretical Approach," Short Fatigue Cracks, ESIS 13, 1992, Mechanical Engineering Publications Limited London. pp. 449–465.

45) Z. Changqing, J. Yucheng and Y. Guangli, "Effect of a Single Peak Overload on Physical Short Fatigue Crack Retardation on an Axle-Steel," Fatigue and Fracture of Engineering Materials and Structures, Vol. 19, pp. 201–206, 1996.

46) M.N. James and E.R. de los Rios, "Variable Amplitude Loading of Small Fatigue Cracks in 6261-T6 Aluminum Alloy," Fatigue and Fracture of Engineering Materials and Structures, Vol. 19, pp. 413–426, 1996.

47) M. Jono and A. Sugeta, "Crack Closure and Effect of Load Variation on Small Fatigue Crack Growth Behaviour," Fatigue and Fracture of Engineering Materials and Structures, Vol. 19, pp. 165–174, 1996.

48) L. Bouksim and C. Bathias, "Initiation and Propagation of Short Cracks in an Aluminum Alloy Subjected to Programmed Block Loading," The Behaviour of Short Fatigue Cracks, EGF Pub.1 1986, Mechanical Engineering Publications, London, pp. 513–526.

49) M. Vormwald and T. Seeger, "The Consequences of Short Crack Closure on Fatigue Crack Growth under Variable Loading," Fatigue and Fracture of Engineering Materials and Structures, Vol. 14, pp. 205–225, 1991.

50) R.V. Prakash, R. Sunder and E.I. Mitchenko, "A Study of Naturally Initiating Notch Root Fatigue Cracks under Spectrum Loading," ASTM STP 1292, pp. 136–160, 1996.

51) K. Iida, H. Shimamoto and N. Itoh, "Surface Micro-Cracks in Block and Random Fatigue Cycling of 500MPa Strength Steel and Weld Metal," Fatigue and Fracture of Engineering Materials and Structures, Vol. 19, pp. 635–646, 1996.

52) M. Jono, "Fatigue Life Prediction –Acceleration of Fatigue Crack Growth under Variable Amplitude Loading," Proceedings of the Sixth International Fatigue Congress, Fatigue'96, 1996, Berlin, Germany, pp. 543–552.

53) S. Lee and J. Song, "Crack Closure and Growth Behavior of Physically Short Fatigue Cracks under Random Loading," Engineering Fracture Mechanics, Vol. 66, pp. 321-346, 2000.

54) J.C. Newman, Jr., "A Crack-Closure Model for Predicting Fatigue Crack Growth under Aircraft Spectrum Loading," ASTM STP 748, pp. 53-84, 1981.

55) Y. Murakami and M. Endo, "Quantitative Evaluation of Fatigue Strength of Metals Containing Various Small Defects or Cracks," Engineering Fracture Mechanics, Vol. 17, pp. 1-15, 1983.

찾아보기

$(da/dN)_{S=L}$ 54
$(\Delta K_{eff})_{da/dN,S=L}$ 54
$(\Delta K_{eff})_{U,S=L}$ 54

0~9

2단변동시험 58
2차원의 관통균열 40
2차원적 짧은 균열 40
3D FEM 14
3차원 균열 37
3차원 유한요소법 14
3차원 표면균열 62
8-node isoparametric 30
8절점 아이소파라미터 30

α~ω

ΔCTOD 40
ΔJ 40
ΔK_{eff} 9

A

aspect ratio 4
ASTME740/740M 2

B

bolt-keyway 26
Bouksim과 Bathia 58

C

chemically 40
Choi와 Song 29
corner crack 15
Corn의 실험결과 8
crack deepest point 3
crack mouth closing 30
crack mouth gauge method 11
crack surface point 3
curing 11
cyclic crack tip opening displacement 46

D

Dowling 46
Dowling의 연구 47

E

elastic shape factor 4
Elber 9
Euler의 압축하중 26

F

FALSTAFF 59
FEM 50
FEM 해석 32
Frost와 Dugdale 42

G

G-A-G(Ground-Air-Ground) 58
gauge length 26
Glinka 21

H

heat affected zone 20, 27
High-Low, Low-High 58
Hosseini와 Mahmoud 6
hysteresis curve 28

I

indirect potential drop method 11

J

Jolles 10
Jolles와 Tortoriello 10
Jolles와 Tortoriello의 결과 13
Jono와 Song 48
Jono의 연구 59

K

Kang 등 21, 25, 27
K-decreasing 49
Kim과 Song의 연구결과 12
Kitagawa와 Takahashi 41
KRACK-GAGE 11
K-감소방법 49

L

leak before break design 2
Lee와 Song 60

M

M(T)시편 13
magnification factor 4
matrix material 20

McClung과 Sehitoglu 46, 57
mechanically 40
microstructurally 40
Mini-Twist 랜덤하중 60
Morris와 Buck의 연구 45
Morris의 연구 43
Murakami와 Endo 61

N

NASA 60
Newman-Raju 10
Newman과 Raju 2
Newman과 Raju의 식 4
Newman과 Raju의 연구 8
non-propagating crack 38, 42
notch plasticity 48

O

Oh와 Song의 연구 13
overlapping 29

P

Pang과 Song 57
Paris의 법칙 8
partial crack opening 28
partial crack surface contact 29
part-through-thickness crack 1
Pearson의 논문 37
Pearson의 연구결과의 모식도 38
penny-shaped crack 62
physically 40
pulsating random loading 59

R

Ritchie와 Lankford 39

S

S35C 중탄소강 48
Shin과 Smith 46
shot peening 20
superposition method 21
surface crack 1

T

threshold stress 40
through-thickness crack 1
total shear parameter 47
TWIST 하중 59

U

unloading elastic compliance method 26, 27
U_{thr} 9
$U-\Delta K_{eff}$ 관계 54
$U-\Delta K_{eff}$ 관계곡선 55
$U-\Delta K_{eff}$ 선도 52
U-노치 46

V

Vormwald와 Seeger 58

W

weight function 21, 23
Wood's metal 26

ㄱ

가공경화능 47
가상균열길이 개념 40
가속 58, 59
간접전위차법 11
개재물 58
결정면 43
결정입자 43
결함 62
겹쳐짐 29
경도검사 27
경화 11
과대하중 57, 59
관통균열 1, 15, 50
관통균열의 균열열림비 9
광대역 60
구석균열 15
굽힘하중 7, 41, 48
굽힘하중의 경우 7, 13
균열 62
균열길이 37, 47, 51, 52, 53, 58, 59
균열길이 제거 방법 50
균열길이의 상대적 크기 45
균열길이점 2, 3, 4
균열깊이 37
균열깊이점 2, 3, 4
균열닫힘 21, 27, 28, 31, 45, 46, 47, 49, 51, 52, 53, 57, 60, 61
균열닫힘 FEM 모델 61
균열닫힘거동 30, 57
균열닫힘응력 44, 45, 60
균열닫힘현상 45, 48, 50, 51, 58, 59
균열면부분접촉 29
균열면적 62

균열발생 38, 50, 52, 58, 59
균열발생 균열길이 58
균열발생 기간 52
균열선단 50
균열선단소성 47, 57
균열선단열림 40
균열선단의 소성역크기 45
균열열림 46, 59, 60, 61
균열열림 변형률 59
균열열림비 12, 47, 48, 52, 53, 54, 56
균열열림응력 49
균열열림응력강도계수 48, 56
균열열림점 60, 61
균열열림하중 61
균열입구게이지방법 11
균열입구닫힘 30
균열입구닫힘점 32
균열작성법 51
균열정지 57
균열진전 52, 57
균열진전가속 57, 59, 60
균열진전계수 8
균열진전력 44, 45
균열진전속도 8, 31, 48, 54, 61
균열진전영역 61
균열진전하한계 값 41
균열합체 57
금속조직의 분포 43
금속학적 응력집중 부위 43
금속학적으로 약한 부분 43
긴 관통균열 38
긴 균열 45, 48, 51, 52, 54
긴 균열열림거동 60
길이의 차원 62

김과 송 11
김과 송의 연구 6

ㄴ

내력 46
내부응력 20, 31
노치 46, 47, 48, 49, 52, 57, 59
노치소성 47, 57
노치시험편 48

ㄷ

단면 형상 49
단일과대 하중 31
단일과대하중 연구 15
대칭부분열림 30, 32
동전형태의 균열 62
되풀이 $J-$적분 ΔJ 46, 47, 48
등가결함길이 62

ㄹ

랜덤블록길이 60
랜덤블록하중 60
랜덤하중 57, 59, 60, 61
랜덤하중하의 연구 15

ㅁ

모재 20
무게함수 21, 22, 23
무차원응력강도계수 62
물리적 40
물리적 짧은 균열 49, 51, 52, 57, 60, 61
미시적 균열 58
미시적 균열(microcrack)의 총길이 59

미시조직 45, 49
미시조직의 크기 39
미시조직적 39
미시조직적 방해물 57
미시조직적 짧은 균열 43, 45, 52, 57

ㅂ

반타원균열 58
반타원의 형태 14
발생기준 58
발생위치 43
방전가공 51
변동하중 31, 57, 59
변동하중하의 진전거동 15
변형률 46, 59
변형률기반강도계수 47
볼트-홈 26
부분관통균열 1, 37
부분균열열림 28
부분균열열림 효과 30
부분균열열림점 28
부분균열열림현상 30
부분열림현상 14, 29, 32
부하 응력 47
부하하중 57
블록하중 57
비대칭부분열림 30, 32
비전파균열 38, 42

ㅅ

상대적 크기 47
상사형(相似形) 50
선형적 54
선형탄성파괴역학 한계 39

선형탄성파괴역학파라미터 46
선형파괴역학 37
선형파괴역학 파라미터 38
소성 48
소성 히스테리시스 곡선 48
소성변형 15, 46, 47, 48
소성변형률 48
소성변형률피로손상 47
소성성분 48
소성역 46
소성역의 크기 45
손상 57, 58
송의 해설 2
숏피닝 20
수정계수 4
쉐브론노치 51
스트레인게이지 11
시험법 49
시험편 두께 중앙의 길이 50
시험편 표면의 길이 50
실제 하중 58
심포지엄 논문집 39

ㅇ

안전쪽 14, 30
압축-압축하중 49
압축잔류응력 19, 22, 23
압축잔류응력장 27, 28, 29, 30, 31, 32
압축잔류응력장에서의
　균열진전과 평가 방법 27
압축피크하중 59
압축하중 48
얇은 판 시험편 46
엄지손톱(thumb nail) 형태 50

역학적 40
역학적 짧은 균열 46, 48, 52, 57, 58, 59
연마 51
연삭 50
연성 46
연속체 역학 한계 39
열림거동 60, 61
열영향부 20, 27
열처리 49
열탄소성 FEM 29
예비 피로균열 51
오차범위 50
용접결함 62
우드금속 26
위험쪽 결과 59
위험쪽 예상 57
유용범위 50
유효균열길이 40, 41
유효되풀이 J-적분 46, 47, 58
유효되풀이 균열선단열림변위 46
유효응력강도계수 21
유효응력강도계수폭 9, 26, 27, 28, 31, 45, 46, 47, 48, 49, 50, 51, 52, 58, 59, 61
유효응력비 21, 26, 28, 29, 31, 32
응력-감산변위 곡선 48
응력강도계수 40, 48, 50
응력강도계수폭 46, 47
응력구배 30, 32
응력비 28, 41, 47, 48, 51, 54, 56
응력비 의존성 41
응력상태 50
이력 49
이력곡선 28
인장잔류응력 19, 22, 23

인장잔류응력장 27, 28, 29, 30, 31
인장잔류응력장에서의
　균열진전과 평가 방법 25
인장하중 49
일정진폭하중 60, 61
입자 43
입자 경계 43, 44

ㅈ

자연 발생 43, 44, 45, 58, 59
작은 균열 37, 40, 45
작은 표면균열 15, 20, 46
작은 하중 사이클 58
잔류소성역 45
잔류응력 20, 49
잔류응력분포 20, 31
잔류응력에 의한 응력강도계수 21, 24
잔류응력의 재분포 19
잔류응력장 19, 30
잔류응력장에서의 균열진전 평가 방법 31
잔류응력장에서의 응력강도계수 20
잔류응력장에서의
　응력강도계수 평가 방법 22
잔류응력장의 균열진전거동 19
재료의 물성치 41
재료정수 56
전단분리 47
전자현미경 45
전전단파라미터 47
정류균열 38
정상 30, 32
제거 49
제하탄성컴플라이어스법 26, 27, 28
중국의 항공우주국(CAE) 60

중앙관통균열시험편 13
중앙균열시험편 23, 27
지배 파라미터 45
지수 8
지연 58, 59
진전속도 46, 48, 49, 51, 52, 56, 57, 61
진전속도 영역 47
진전지연 효과 58
짧은 균열
  37, 38, 40, 48, 51, 54, 57, 60, 61
짧은 균열 영역 60
짧은 균열 작성법 49
짧은 균열의 진전거동 60
짧은 균열진전 평가법 52
짧은(작은) 균열 37
짧은(작은) 균열의 진전거동 37

ㅊ

천이 29, 30, 32
철강재료 49
초기잔류응역장 29
최소균열길이 39, 42
축하중 6, 41
축하중과 굽힘하중이 혼합된 경우 7
축하중의 경우 6, 13
측면홈 13, 51
측정법 49, 51

ㅋ

컴퓨터 프로그램 48
컴플라이언스 62
큰 사이클 58
큰 하중사이클 59

ㅌ

탄성파괴역학의 겹침법 21
탄성형상계수 4
탄소성유한요소법 30

ㅍ

파괴역학 15
파괴역학의 겹침법 22, 29
파단전(前)누설(漏洩)설계 2
파라미터 62
편진형태의 랜덤하중 59
평면변형률 2, 50, 51
평면응력 2
평행부길이 26
평형 31
표면균열 1, 15, 46
표면균열 응력강도계수 평가식 2
표면균열의 깊이점 11
표면균열의 응력강도계수 2
표면균열의 응력강도계수식 3
표면균열의 진전거동 8
표면균열의 형상 5
표면균열의 형상 변화 5, 9
표면균열의 형상비 10
표면균열형태의 변화 2
피로손상 58
피로수명 45, 52, 57
피로예비균열 50
피로한도 40, 41, 42

ㅎ

하중 형식의 영향 5
하중변동의 영향 58

하중변동의 효과　59
하중형식　41
하한계　49, 61
하한계응력　40, 41
하한계응력강도계수　41, 42
하한계응력폭　42
한쪽모서리균열　23
한쪽모서리균열시험편　27
합체　45
항복응력　48
해석 방법　52
해설 논문　38
협대역　60
형상비　4, 5, 62
화학적　40
확률적 방법　40